Christof Klemmer

Die Individualisierung von Höfen und Landschaften

Christof Klemmer

Die Individualisierung von Höfen und Landschaften

Ein Beitrag zum Verständnis und zur praktischen Handhabung des Landwirtschaftlichen Kurses von Rudolf Steiner

VERLAG AM GOETHEANUM

edition freie hochschule
Sektion für Landwirtschaft

Der Verlag am Goetheanum im Internet:
www.goetheanum-verlag.ch

Bevollmächtigter in der EU im Sinne des Artikels 16 Absatz 1
der Verordnung zur allgemeinen Produktsicherheit GPSR:
ATHENA Verlag e.K., Mellinghofer Straße 126, D-46047 Oberhausen,
info@athena-verlag.de

Satz: ATHENA Verlagsdienstleistungen, Oberhausen
Umschlag: Wolfram Schildt, Berlin
Druck und Bindung: Majuskel Medienproduktion GmbH, Wetzlar

ISBN (Print) 978-3-7235-1792-5
ISBN (E-Book) 978-3-7235-1793-2

Inhaltsverzeichnis

Vorwort

Die vorliegende Arbeit ist die reife Frucht des Lebens eines Landwirtes, der auf seine Schaffenszeit zurückblickt. Der Landwirt Christof Klemmer tut das unter dem Gesichtspunkt der Individualisierung seines Hofes Sophienlust mit der dazugehörigen Landschaft in Schleswig-Holstein, in Norddeutschland. Der biodynamische Hof sollte von der Naturseite her Ausdruck werden des Entwicklungspotenziales, das von der Landschaft her in ihm veranlagt ist.

Aber wie liest man eine Landschaft? Wie kann man eine Landschaft verstehen? Wie entdeckt man zum Beispiel Potenziale in der Führung des Wasserhaushaltes, und wie lassen sich diese realisieren? Oder wie schafft man Habitate für die Wildfauna, sodass ihre Beheimatung zur Durchseelung der Landschaft beiträgt, ohne dabei den bäuerlichen Ertrag zu gefährden? Wie entwickelt man die Böden, sodass «Musik drin ist», um einen Ausdruck von Christof zu verwenden? Damit ist ein gutes Ertragspotenzial gemeint, ohne chemische Einwegprozesse im Boden, mit gleichzeitiger Steigerung der Ertragsfähigkeit und ökologischer Wertigkeit der Böden.

Hier kommen wir an eine Grundaussage dieser Arbeit: Landschaftsschutz und Landschaftsentwicklung sind nicht in Konkurrenz zur Landwirtschaft zu sehen und unter Ausschluss der Landwirtschaft zu betreiben, sondern mit und durch die Landwirtschaft. Oder anders ausgedrückt: Die Landwirtschaft versteht sich selbst falsch, wenn sie die Landschaft zerstört, ausräumt und vergiftet, und sie versteht sich richtig, wenn sie ihren jährlichen Ertrag – und damit das bäuerliche Einkommen – verschwistert mit einer langfristigen Landschaftsentwicklung und damit dem Gemeinwohl.

Wo und wie berühren und befruchten sich die zwei Gestaltungskreise? Es ist in der Idee und der Praxis, den landwirtschaftlichen Hof als eine in sich geschlossene Individualität aufzufassen und zu bewirtschaften. Der Begriff «landwirtschaftliche Individualität» stammt aus dem Landwirtschaftlichen Kurs von Rudolf Steiner, 1924. Er besagt, dass der Hof als ein Ganzes gestaltet werden kann. Ein Ganzes, das

Lebens- und Gestaltungs- und Gesundheitskräfte nachhaltig in sich erzeugt und entwickelt. Diese Idee begeistert und wird zum Leitbild für die Hofentwicklung. Aber ist sie auch verständlich? Wie kann man eine Idee wie die der landwirtschaftlichen Individualität auch selbst verstehen und hervorbringen?

Hier kommt der zweite Schaffensstrom von Christof Klemmer ins Spiel, das langjährige und umfassende Studium des Landwirtschaftlichen Kurses inklusive ergänzender Werke und Zyklen von Rudolf Steiner und begleitender anthroposophischer und naturwissenschaftlicher Literatur. Dieses Langzeitstudium mit der Gruppe der tragenden Menschen am Hof ist integraler Bestandteil der Entwicklung der Initiative. Der Hof ist auch ein soziales Projekt und ein kulturelles Projekt. Die Pflege des Erkenntnislebens ist unverzichtbar. Denn die Erkenntnis ist eine wesentliche Quelle der Freiheit. Wenn ich nicht verstehe, was ich mache, handle ich aus Tradition oder unter einer Autorität oder fixen Lehre.

Nun schildert der Autor, wie der Erkenntnisgewinn durch das Studium an seine Grenzen kam. Selbst wenn die neuen Begriffe und Sichtweisen, die man beim Studium des Landwirtschaftlichen Kurses lernt, sie gegenseitig erklären und stützen und so etwas wie eine biodynamische Agronomie, Betriebslehre, Landschaftsökologie oder Ernährungslehre entdeckt und herausgearbeitet werden kann, ist dies nicht gänzlich befriedigend. Das verstandesmäßige Verstehen kann dem Geist, aus dem Rudolf Steiner gesprochen hat im Landwirtschaftlichen Kurs, nur teilweise gerecht werden. Wie weiter? Einfach aus Vertrauen auf Rudolf Steiner weitermachen? Christof Klemmer suchte und fand einen Zugang zu einer tieferen Schicht des Kurses.

Dieser Zugang erfolgt über die Meditation. Der Autor zeigt, wie mit einer klaren Systematik von der begrifflichen Ebene des Kurses zur imaginativen Ebene übergeht. Das ist harte Arbeit auf dem inneren Felde, vergleichbar der Arbeit auf den äußeren Feldern. Diese Arbeit bringt aber Befriedigung, weil sich Leben im Innern entwickelt. Die Begriffe werden lebendig, sie metamorphosieren sich durch die meditative Arbeit zu Imaginationen. Die Bewusstseinsklarheit bleibt, aber sie wird fließend und damit fähig, das Leben auf dem Hof und in der Landschaft im Werden und Vergehen zu erfassen.

Meditationen sind persönlich. Sie können aber in die Form von Übungen gegossen werden. Damit wird eine Einladung formuliert, einzutauchen in die Innenseite der Welt, des Hofes, der Landschaft. Der Autor gibt seine Übungsanleitungen so, dass man ausgehend von seiner konkreten Situation vor Ort sozusagen die Türe nach innen aufmacht, sich von der Innenseite her untersuchend, besinnend, fragend mit den Aspekten des Hofes und der Landschaft auseinandersetzt, um dann im Pendelschlag wieder den äußeren Blick und die äußere Tat folgen zu lassen. So kann eine Individualisierung aus eigener Erkenntnis schrittweise gelingen.

Und so haben wir es in dem Buch, das uns zur individuellen Gestaltung der Höfe und Landschaften anleiten will, methodisch mit einer Triangulation zu tun: erstens die reale praktische Betriebsgestaltung, zweitens das fortgesetzte Studium des Landwirtschaftlichen Kurses und drittens die Übungen zur Erforschung der Wesensseite von Hof und Landschaft. Wenn zwei dieser drei Punkte fixiert werden, kann der dritte sich bewegen, ohne dass man die Orientierung verliert. So kommt man sukzessive vorwärts, und die Individualisierung eines Ortes kristallisiert sich über die Jahre immer mehr heraus.

Die vorliegende Arbeit stellt ein Paradebeispiel von Praxisforschung oder ‹Action Research› dar. Beim Arbeiten selbst wird geforscht, und das Erforschte fließt sogleich wieder in die Arbeit ein, ganz anders als die theoretische Forschung in der Studierstube oder dem Labor, die dann in der Wirtschaft angewendet werden soll. Aus letzterer sind die Nährstofftheorie und ihre Anwendung in der industriellen Landwirtschaft entstanden. Das Resultat ist die grüne Wüste der intensiven Agrarlandschaften. Aus dem hier dargestellten Strom entstehen individualisierte Höfe und Landschaften und damit zukunftsfähige Lebensmittel und Lebensräume. Damit wird die Landwirtschaft ihrem ökologischen, gesellschaftlichen und kulturellen Auftrag gerecht.

Das Buch erscheint zum 100-Jährigen des Landwirtschaftlichen Kurses. Es ist mit erhellenden Illustrationen bereichert. Wir hoffen, dass es eine Brücke schlagen möge von älteren zu jüngeren Generationen und dass es helfen kann, die Höfe als ‹Living Farms› zum Blühen zu bringen.

Juli 2024
Ueli Hurter
Co-Leiter der Sektion für Landwirtschaft am Goetheanum

Wie kann man den Inhalten des Landwirtschaftlichen Kurses näherkommen?

Diese Frage stellt sich eigentlich vielen biologisch-dynamischen Bauern und Gärtnern, aber auch den Menschen, die in einer landwirtschaftlichen oder gärtnerischen Ausbildung sind. Ich habe über 42 Jahre in der biologisch-dynamischen Landwirtschaft gearbeitet und war nach der Hofübergabe noch sieben Jahre als Berater für biodynamische Betriebe tätig. Während dieser vielen Jahre haben wir in der Betriebsgemeinschaft einmal in der Woche am Landwirtschaftlichen Kurs oder an anderen anthroposophischen Inhalten gemeinsam gearbeitet. Viele Jahre hatte ich trotz dieser Bemühungen das Gefühl, dass der Geist, um dessen Verstehen wir uns so bemühen, mir fremd blieb. Es war mir nicht möglich, die Gedanken und Ideen, die im Kurs dargelegt werden, wirklich so zu erfassen, dass ich aus ihnen heraus in eine eigenständige, auf Erkenntnissen gegründete Handlung auf unserem Hof kommen konnte. Man handelte im Vertrauen darauf, dass Rudolf Steiner als Geistesforscher alles richtig erkannt hatte, und hat sich auf die Aussagen im Kurs verlassen, ohne sie richtig verstanden zu haben. Eine Situation, die in der heutigen Zeit für unser Bewusstsein unbefriedigend ist.

In der Jugendansprache, die Rudolf Steiner am 17.6.1924 in Koberwitz gehalten hat, wird deutlich, dass er bemerkt hat, wie schwer es auch für die Teilnehmer am Kurs war, die vorgetragenen Inhalte zu verstehen. Er sagt dort, dass es wichtig ist, das, was auch nur scheinbar in Ideen lebt, in Andacht zu verwandeln. Dann folgt die Aussage: «Meditieren heißt ja, dasjenige, was man weiß, in Andacht zu verwandeln, gerade die einzelnen konkreten Dinge.»[1] Steiner weist also darauf hin, dass durch das Meditieren von einzelnen Ideen ein vertieftes geistiges Verständnis dieser Inhalte zu erreichen ist.

Vor einigen Jahren habe ich begonnen, einzelne Textstellen aus dem Kurs zu meditieren. Ich habe die Textstelle zunächst aufgeschrieben, auswendig gelernt, dann dem Sinn nach überdacht, um zu einem guten Verständnis des Inhaltes zu kommen. Anschließend habe ich es in meiner Seele zu einem Bild erhoben und als lebendige Empfindung im Seelenraum gehalten. Mit stetiger Übung entwickelte sich dann die Erfahrung, dass diese Bilder etwas aussagen. Häufig bilden sich Fragen zu dem meditierten Inhalt. Außerdem bemerkt man sehr genau, ob ein Bild vollständig und richtig ist. Hat man den Eindruck, dass das Bild nicht richtig ist, so tritt man wieder ins Studium ein. Dabei tragen sowohl anthroposophische als auch naturwissenschaftliche Inhalte dazu bei, das Bild zu vervollständigen. Während der Zeit des Studiums setzt man die tägliche Meditation fort und fügt die neu gewonnenen Aspekte in das Bild ein. In den folgenden Zeiten der Meditation bemerkt man deutlich, ob das Bild stimmiger wird. Irgendwann hat man dann das sichere Gefühl, dass das Bild stimmt und seine Aussage richtig ist. Ist das Bild richtig, dann wird es wie in sich fließend, es gibt keinen Stau. Ein weiteres wichtiges Kriterium zum Prüfen, ob das Bild der Wirklichkeit entspricht, ist, inwieweit der Gedankeninhalt sich konkret in die Tatsachenwelt des Hofes und der Natur einfügen lässt.

Später fand ich dann in Steiners Buch «Von Seelenrätseln» im ersten Kapitel eine Darlegung, in der er eine ähnliche Art des Vorgehens im Umgang mit Erkenntnisgrenzen beschreibt.[2] Dort sagt er, dass man diese Erkenntnisgrenzen nicht für unübersteigbar halten soll, dass es aber auch nicht sinnvoll ist, zu versuchen, sie durch ausgeklügelte Hypothesen und Theorien überspringen zu wollen, sondern man könnte an der Erkenntnisgrenze in innerer Aufmerksamkeit verharren und sich bewusst machen, was die eigene Seele bei diesem seelisch-geistigen Tasten bemerkt. So entsteht ein Resonanzraum für seelisch-geistige Wahrnehmungen.

Dieser Resonanzraum in der eigenen Seele ist entwicklungsfähig. Mit der Zeit gelingt es immer besser, das seelisch-geistige Tasten zu verstärken, und die seelische Wahrnehmungsfähigkeit nimmt zu.

Die Ergebnisse dieser Arbeit sind in diesem Buch dargestellt. Es ist also eine Verbindung aus bäuerlicher durchlebter Lebenserfahrung und seelisch-geistigen Erlebnissen, die sich aus der Arbeit mit den Texten des Landwirtschaftlichen Kurses ergeben.

Zu den Übungen

Zur Anregung für den Leser habe ich einige Vorschläge zum Üben in den Text eingefügt. Sinn dieser Übungen soll es sein, durch verstärkte Aufmerksamkeit die Beziehung zu seiner Umgebung, also dem Hof, zu intensivieren. Sie sind völlig freilassend als Anregung für die eigenen Ansätze gemeint. Es ist hier aber noch anzumerken, dass man zu einem eigenen tieferen Verständnis des Landwirtschaftlichen Kurses nicht ohne Anstrengung und Üben kommen kann; der Inhalt des Buches ist auch ohne die Durchführungen der Übungen verständlich.

Gedanken zur Methodik des Übens

Um dem Wesen eines Hofs oder einem entsprechenden Wirkensort näherkommen zu können, bedarf es der Schulung der Aufmerksamkeit. Wir haben im normalen Leben einen Sinneseindruck von außen, und in unserem Inneren stellt sich ohne unsere aktive Mitwirkung der Begriff ein. Damit ist der Prozess der Erkenntnis für uns abgeschlossen. Wir bemerken dabei nicht, welchen Anteil wir selbst als Mensch bei dem Entstehen des Begriffes hinzufügen. Das führt aber dazu, dass wir eine Welt außerhalb von uns als dingliche Außenwelt da draußen erleben. Diese Welt bleibt uns mehr oder weniger fremd.

Beachtet man aber das, was unser innerer Anteil an dem Prozess des Erkennens ist, so kann man bemerken, dass wir innerlich die außen wahrgenommenen Sinneseindrücke mit unserem Geist in Verbindung bringen (verstehen) und dann in unserem Seelischen erfahren. Genauer ausgedrückt, verbinden wir Sinnliches mit Geistigem im Seelischen.

Wir sind also durch eine äußere Erfahrung (Sinneseindruck) und eine innere Erfahrung (Erfassen des Geistes der Sache im Denken) auf doppelte Weise mit der Welt verbunden. Die Wirklichkeit unseres Ortes erfahren wir, wenn wir beide Erfahrungen miteinander verbinden.

Wird uns unser innerer Anteil an dem Bewusstwerden der Sinneseindrücke klarer, so können wir bemerken, dass wir mit unserem Denken und Seelenleben in einer umfassenderen Weise mit der Welt verbunden sind als zunächst bemerkt. Es eröffnet sich uns eine Welt von Beziehungen und Wirkungen, die die Erscheinungen der physischen Welt an

Umfang und Vielfalt in hohem Maße übersteigt. Diese Welt ist uns aus unseren bäuerlichen und gärtnerischen Erfahrungen nicht unbekannt. Wir gehen oft wie selbstverständlich mit ihr um, ohne es zu bemerken, denn wir sind innerlich stark mit ihr verwoben. Anders als gegenüber der physischen Welt, die wir von uns abgesondert, uns gegenüber erleben, sind wir mit dieser Welt aufs Innigste seelisch verbunden.

Erste Übung

Frage dich, welche Stellung und Aufgabe du als geistbegabter Mensch bei der Gestaltung und Führung deines Hofes hast.

Mache dir die Zusammenhänge immer wieder klar, so schaffst du dir eine gute Voraussetzung, dich dem Wesen deines Hofes zu nähern. Bedenke, dass wir als Bauern/Gärtner dauerhaft in der Praxis wie selbstverständlich mit Wirkungen umgehen und sie auf unserem Hof erleben können, z.B. Fruchtfolgewirkung, Präparatewirkungen, Düngewirkung, Lichtwirkungen, Stoffkreisläufe usw. Alle sind sinnlich nicht wahrnehmbar, und trotzdem rechnen wir mit ihnen als reale Kräfte, die wir in der Hofgestaltung einsetzen können. «Alles was sich an der Welt in der Seele auffinden lässt, kann in seinem Sein, seiner Natur nach, das heißt als Wesen erkannt werden, von dem eine Wirkung ausgeht» (Jochen Bockemühl).[3]

1 Einleitung

Die Individualisierung von Höfen und Landschaften

Grundlagenarbeit zu Texten im Landwirtschaftlichen Kurs[4]

Es gibt verschiedene Aspekte, mit denen man sich der Individualisierung von Höfen und Landschaften annähern kann. Diese sind alle, trotz ihrer Unterschiedlichkeit bei der Bewirtschaftung, von Wichtigkeit und haben eine gewisse Bedeutung, wenn man erfolgreich biodynamisch wirtschaften will.

Zum einen geschieht die Individualisierung durch die tägliche Arbeit auf den Höfen, an der Erde, mit den Pflanzen und den Tieren. Am erfolgreichsten wird dieser vorwiegend praktische Weg zur Individualisierung sein, wenn er von einer intensiven Erkenntnisarbeit begleitet wird. Wenn er nicht von ausreichendem Bewusstsein getragen ist, wird es schwer, den Standort in seiner Einzigartigkeit zu erfassen, um dann aus seiner Veranlagung heraus zu prägenden Handlungen kommen zu können. Findet die Erkenntnisarbeit nicht genügend Raum, so setzen sich bei der Gestaltung der Höfe Traditionen, persönliche Ziele oder Gedanken der Nützlichkeit eher durch als jene Aspekte, die eine inhaltsvolle Gestaltung aus der Idee der Sache erkennen lassen. So kommt es leicht vor, dass sich immer wieder Gesichtspunkte in die Betriebsgestaltung einschleichen, die der Individualisierung nicht förderlich sind, wie z.B. Maßnahmen, die bei ihrer Umsetzung industrielle Auswirkungen auf den landwirtschaftlichen Organismus haben und die dazu beitragen, dass die Böden, die Landschaften und ihre Vielfältigkeit immer gleichgeschalteter und ärmer werden. Es gilt also, bei der Gestaltung der Höfe ein ausgewogenes Verhältnis zwischen den praktisch-ökonomischen Aspekten und den Notwendigkeiten zu erreichen, die der Ort und seine ideellen Gestaltungsanforderungen mit sich bringen.

Ein weiterer Aspekt der Individualisierung ist die bewusste Gestaltung der Natur und der Landschaft des Hofes durch den Menschen. Auch dabei bemühen sich die Bewirtschafter, die natürlichen Veranlagungen des Standortes zu erkennen und daraus Gesichtspunkte für eine Gestaltung der Landschaft des Betriebes zu entwickeln und umzusetzen. Diese Gedanken werden im Landwirtschaftlichen Kurs im siebten Vortrag über die naturintimen Wechselwirkungen angesprochen und berühren das Verhältnis von Feldwirtschaft, Obstwirtschaft und Viehzucht Es erfolgt aber im siebten Vortrag kein direkter Hinweis auf die Geistbegabung des Menschen und die sich daraus ergebenden kreativen Möglichkeiten zur Gestaltung der Höfe.

Ein weiterer wesentlicher Gesichtspunkt bei der Individualisierung von Höfen betrifft die Organisation der Stoffkreisläufe eines Hofes. Die damit verbundenen Fragen durchziehen den ganzen Landwirtschaftlichen Kurs und werden immer wieder mit dem Thema der Entwicklung der landwirtschaftlichen Individualität in Verbindung gebracht. Zentral ist hier die Frage der Ernährung der Lebewesen durch die Stoffe, die Träger von geistigen Kräften sind. Es ist natürlich auch hier sehr deutlich, dass bei diesem Gedanken der Mensch als Gestalter seiner Landwirtschaft ein anderes Verhältnis zu sich selbst, zum Boden, zu den Pflanzen und den Tieren finden sollte, damit es zu einer wirklich neuen Begründung einer Landbaukultur kommen kann.

Der Begriff der Individualität

Eine Aussage Rudolf Steiners im Landwirtschaftlichen Kurs lautet: Nun, eine Landwirtschaft erfüllt eigentlich ihr Wesen im besten Sinne des Wortes, wenn sie aufgefasst werden kann als eine Art Individualität für sich, eine wirklich in sich geschlossene Individualität.

Individualität (lat. Ungeteiltheit) bedeutet, dass der Mensch oder der Gegenstand einzigartig ist und sich von allen anderen Menschen oder Gegenständen unterscheidet. Bei Rudolf Steiner ist der Begriff der Individualität noch weiter gefasst. Er verbindet neben der Einzigartigkeit von Wesen mit dem Begriff Individualität auch, dass das höhere Wesen, das höhere Ich eines Menschen von Erdenleben zu Erdenleben fortschreitet. Dabei bewahrt es die in einem Erdenleben angestrebten hohen geistigen Ideale und die dadurch entwickelten Fähigkeiten, um sie in kommenden Erdenleben zu einer höheren Reife bringen zu können (GA 53[5] und GA 54[6]). Hier wird sehr deutlich, dass der Begriff Individualität bei Steiner auch mit der stetigen Fortentwicklung von Fähigkeiten im Laufe der Zeit verbunden ist. Ähnlich stellt er auch die Entwicklung der Erde dar, die sich über aufeinander folgende planetarische Weltentwicklungsstufen erstreckt, hin zu den kosmischen Entwicklungszielen.[7] Es ist eine Forderung der gegenwärtigen Zeit, dass sich bei der Bildung von Individualitäten sowohl beim Menschen als auch bei der Erde Einzigartigkeit und Vielfalt entwickeln. Die Bauern sind als Zeitgenossen mit ihren Höfen Teil dieser Entwicklung, die sich für sie in der Auseinandersetzung mit der ihnen anvertrauten Erde erleben lässt. Es gilt, individuelle Konzepte zur Bewirtschaftung der Erde aus den Verhältnissen vor Ort zu entwickeln. Wir werden im Laufe dieser Betrachtung auf diese Ansätze zurückkommen.

Als Individualisierung bezeichne ich also das Ergebnis dieser aktiven Auseinandersetzung von Bauern und Gärtnern bei der Gestaltung und der Entwicklung der ihnen anvertrauten Höfe. Das umfasst auch die Organisation der Stoffkreisläufe ihrer Höfe hin zur Einzigartigkeit und Vielfalt ihres Betriebes.

Textstellen zum Thema Individualisierung von Höfen

Die Textstellen aus dem Landwirtschaftlichen Kurs, die ich als Grundlage für das Thema Individualisierung von Höfen und Landschaften meditativ bearbeitet habe, findest du hinten als Anhang. Erschrick nicht, es erscheint zunächst sehr viel, aber man kann sich langsam vom Anfang bis zum Ende durcharbeiten. Es wird mit einer meditativen Bildempfindung belohnt, indem sich die Zusammenhänge zu den Fragen der Individualisierung von Höfen und Landschaften viel deutlicher offenbaren.

2 Die Individualisierung von Stoffkreisläufen

Die Vertikale eines Hofes

Die erste Voraussetzung ist, sich über das Gebiet, welches als eine Hofeinheit zur Bewirtschaftung zu berücksichtigen ist, eine möglichst lebendige bildhafte Vorstellung aufzubauen. Diese Vorstellung sollte konkret die physische Erscheinung in der Horizontalen des Hofes umfassen. Aber auch die Bedingungen der Vertikalen, z.B. Niederschläge und ihre Verteilung, Sonnenscheinstunden und das Ätherklima, sollten bekannt sein. Dazu gehört auch, dass man sich eine Vorstellung davon bildet, wie der Einfluss der Fixsterne und der Planeten über den Weltenäther bis in die Tiefen der Erde des Hofes hineinwirkt (siehe Bild «Die Urkräfte einer Landschaft/eines Hofes»). Diese Kräfte, die aus der Vertikalen wirken, prägen ganze Landschaftsgebiete. Sie schaffen eine natürliche Grundlage für ein Gebiet, reichen aber zur Individualisierung von bestimmten Orten allein nicht aus.

Bild 1: Die Urkräfte einer Landschaft

Zweite Übung

Setze dich in Ruhe hin und gehe in Gedanken die äußeren Grenzen deines Ortes durch. Erfasse möglichst genau alle Einzelheiten, wie Lage, Lichtverhältnisse, Hauptwindrichtung, Niederschlag und die Verteilung über das Jahr. Wie sind die Außengrenzen gestaltet? Gehe sie im Geiste ab. Wo sind Hecken, welche Bäume und Pflanzen sind dort, bilden Straßen, Wege oder Wasser die Grenze? Gibt es von der äußeren Grenze in den Hof hinein Hecken, Bäche, Solitärbäume oder Teiche? Gibt es trockenere oder besonders feuchte Standorte? Erfasse im Geiste die besonders lichten und schattigen Orte, welche Pflanzen wachsen dort? Wie gestaltet sich dort die Vegetation? Wo sind unterschiedliche Bodenqualitäten zu bemerken? Wo ist Dauergrünland, wo ist Ackerland? Welche Wildtiere leben auf dem Hof, und wo haben sie ihre Höhlen und Nistplätze? Wie ist das Landschaftsrelief deines Hofes?

Stelle dir über mehrere Tage alles genau aus der Erinnerung vor, ohne vorher besonders hingeschaut zu haben. Dann mache einen Spaziergang entlang der Hofgrenzen und durch die Hoflandschaft. Du wirst erstaunt sein, wie stark deine Vorstellung von deinem Ort von der tatsächlichen Realität entfernt ist. Nun schaue die Realität genau an und lasse die Dinge sachgemäß in dir zum Ausdruck kommen. Wiederhole diese Übung öfter.

Das Verhältnis zur Außenwelt deines Hofes wird bei jedem Rundgang für dich immer reicher und intensiver. Du entdeckst immer neue Dinge. Das durch die Neuentdeckungen entstandene Bild deines Hofes kann nun verinnerlicht und von deinen Gefühlen durchempfunden werden. Das führt wiederum zu einer Verstärkung der Wahrnehmungskraft und zu einer Steigerung deines Interesses. So wird dir die äußere Seite deiner Hofindividualität immer zugänglicher und vertrauter, die Verbundenheit mit ihr intensiver. Die Einmaligkeit des Ortes wird für dich deutlicher.

Die Horizontale eines Hofes

Es stellt sich zunächst die Frage, wie wir die Grenzen in der Horizontalen der Individualität eines Hoforganismus erkennen und fördern können. Ist diese Grenze von Natur aus gegeben, gibt es vielleicht keine Grenze oder müssen wir sie willkürlich festlegen?

Wodurch wird nun die Individualität in der Horizontalen gebildet? Wodurch werden die Flächen des uns anvertrauten Ortes, die Flächen, die wir bewirtschaften, von den anderen Flächen in der Nachbarschaft abgegrenzt? Wie können wir die geistig-physische Hülle unseres Hoforganismus finden und stärken?

Hier sind die Tiere und ihre Eigenart, sich in die Landschaft einzuleben, sie aber auch durch ihr Verhalten bis in ihre Ausdruckskraft zu gestalten, von ganz besonderer Bedeutung.

Tier und Landschaft

Unsere Landschaften sind geprägt durch ihre geologische Grundlage, durch Klima, Licht-, Wärme- und Wasserverhältnisse. Aufgrund dieser Tatsachen bilden die Pflanzen, die an dem Ort wachsen können, sich in Form und Farbe den Verhältnissen entsprechend aus. Sie drücken das, was sie vorfinden, auch in bildhafter Form in ihrer Gestalt im Werden und Vergehen über den Jahreslauf aus. Der Mensch als geistbegabtes Wesen kann diesen Zusammenhang zwischen den Bedingungen des Ortes und der Bildung der Pflanze durch Schulung bewusst erkennen lernen. Die Tiere fühlen sich zu diesen Bildern seelisch hingezogen – oder davon abgestoßen. Dadurch werden Landschaften von bestimmten Tieren als Lebensraum gesucht und bewohnt. So kommt es an Orten zu einer bestimmten Ausprägung von Insektenarten, von Nistplätzen für Vögel, aber auch zur Revierbildung von Säugetieren. Selbst die Kleintiere im Boden suchen als Lebensraum bestimmte Voraussetzungen (Bilder), um sich im Boden anzusiedeln. Die Äußerungen und Lebensgewohnheiten all dieser Tiere tragen mit ihrem Dasein dazu bei, die Seelenstimmung, das Charakteristische eines Ortes zu unterstützen.

Gerade in der Revierbildung von Säugetieren kann man gut sehen, wie die Tiere den Ort, mit dem sie sich seelisch verbinden, auch ausgestalten. So findet man in Revieren von Säugetieren Markierungsstellen, die durch Harn, Sekrete und Kratzspuren deutlich die Grenze des Reviers markieren. Weiter gibt es Fress- und Trinkstellen, Badestellen und Suhlen, Wechsel, Hindernisse und meistens im Zentrum die Heim- und Ruhezone (siehe Bild unten). Innerhalb des Reviers finden auch die Paarung und die Jungtieraufzucht statt, und es wird verteidigt, häufig gegen die Artgenossen.

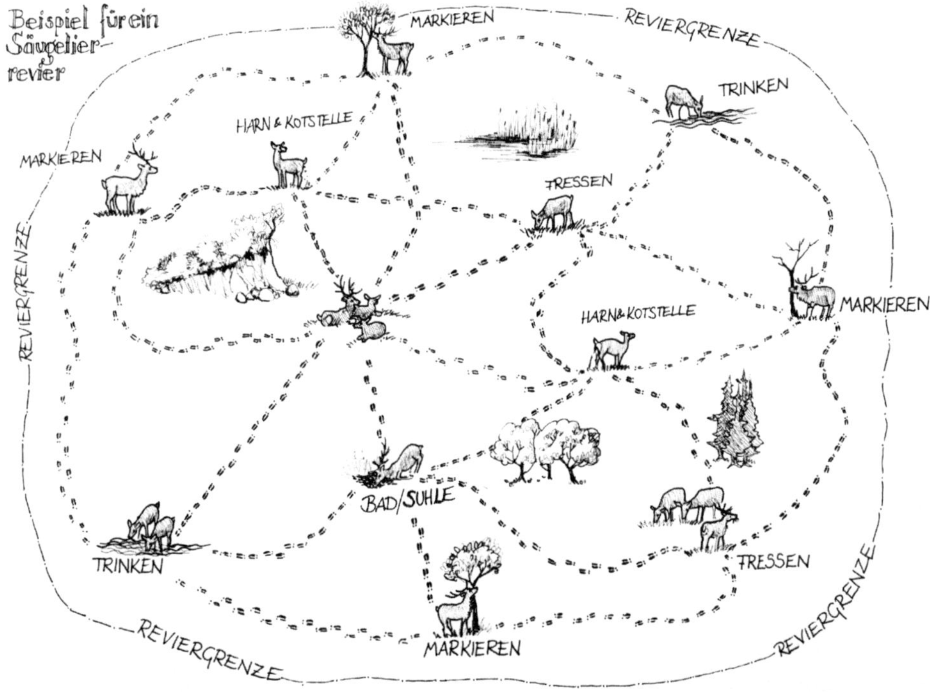

Bild 2: Beispiel für ein Säugetierrevier

Die Reviere sind meistens ortsfest und in ihrem Flächenumfang sehr unterschiedlich. Hier einige Beispiele für Reviergrößen: Dachs 100 ha, Marder 0,52 km², Fuchs 1–40 km². Der Wisent (Europäischer Büffel) benötigt als Revier bei einer Herdengröße von ca. 15 bis 20 Tieren eine Fläche von 4.500 bis 5.500 ha. Der Biber, der sein Revier für uns deutlich sichtbar prägt, benötigt je nach Qualität 1 bis 3 km Fließstrecke eines Gewässers.

Der Auerochse (Ur-Rind) hatte seinen Lebensraum in Gegenden mit gemäßigtem Klima, also auch in Mitteleuropa. Er fraß Gräser, Kräuter, Blätter und Strauchwerk, und in den Wintermonaten ernährte er sich von Moosen, Zweigen und Flechten. Als Wiederkäuer konnte er dieses strukturreiche Futter gut verdauen. Wichtig war, dass er in seinem Revier einen ausreichenden Wasservorrat hatte. Gemäß diesen Verzehrgewohnheiten lebte der Auerochse in Landschaften, die ihm fruchtbares Weideland, Sümpfe und zum Schutz Wald boten. Wahrscheinlich umfasste die Herdengröße um die 30 Tiere.

Diese Fähigkeit, sich in einem Gebiet, welches die passenden Lebensbedingungen (Bilder) bietet, anzusiedeln und den Raum seelisch zu ergreifen und ihn dadurch in seiner Eigenart zu verstärken, ihm Struktur und auch Grenzen zu geben, ist eine Fähigkeit der Tiere. Die Innerlichkeit des Tieres, seine Betätigung in der Landschaft, seine Bewegungen, seine Rufe unterstützen die Stimmungen des Ortes, und diese Stimmungen sind für den Menschen seelisch wahrnehmbar. Die Reviere der Tiere begrenzen nicht die charakteristischen Elemente eines Landschaftstyps, sondern sie schaffen seelisch durchdrungene Räume in einer Landschaft.

Für die Bildung unserer Hofindividualitäten können wir diese Eigenart der Tiere nutzen, um sie in der Horizontalen aus den sonst unbegrenzten Einheiten unserer Kulturlandschaften, unseres Landschaftstyps herauszulösen. Durch die Haltung von Haustieren auf den Höfen können Räume geschaffen werden, die als ein Zusammenhang bestehen. Am besten geeignet ist hier das Rind, da es eine besondere Verdauungsleistung hat und über die Sommermonate die Flächen des Hofes beweidet.

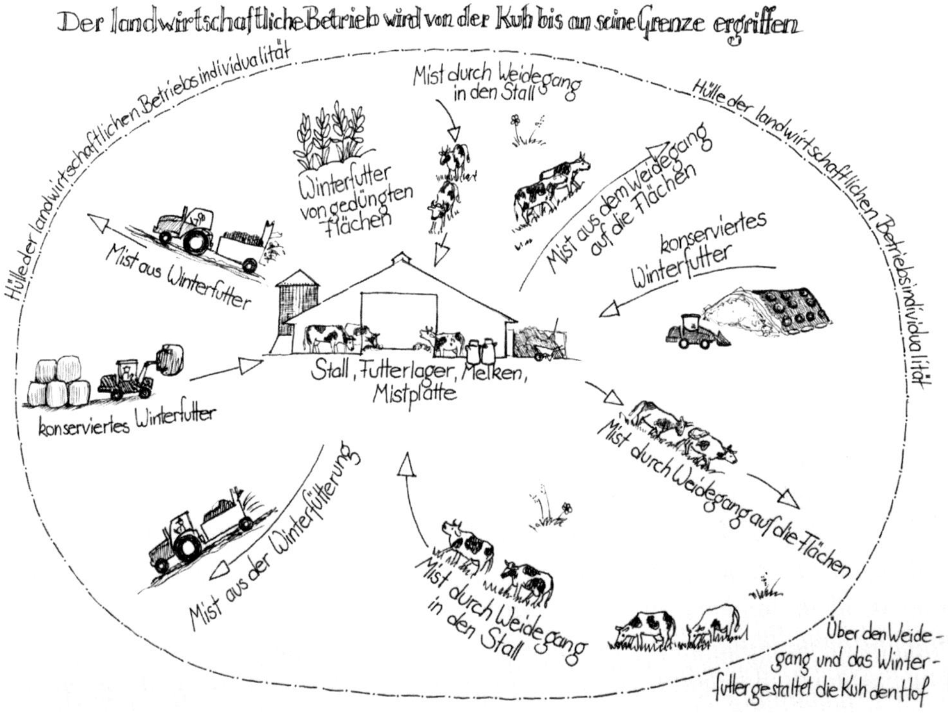

Bild 3: Der landwirtschaftliche Betrieb wird von der Kuh bis an seine Grenzen ergriffen

In dieser etwas statischen Zeichnung kann man die Grenze des Hofes in dem äußeren Ring sehen. Im Zentrum ist der Stall mit dem Raufutterlager und dem Mistplatz zu finden. Von diesem Zentrum aus haben die Kühe im Idealfall im Sommer zwischen den Melkzeiten Tag und Nacht Weidegang. Da in der Fruchtfolge die Kleegrasbestände über die Jahre von Schlag zu Schlag wandern, kommen die Tiere bei arrondierter Flächenlage regelmäßig bis an die Hofgrenzen, fressen dort Gras und Strauchwerk, lassen ihren Mist fallen und schaffen dadurch eine Grenze in der Landschaft. Sie markieren damit die Grenzen der Individualität.

Die Flächen, die nicht beweidet werden können, werden gemäht und für den Winter konserviert. Dieses Futter wird von den Kühen gefressen, verdaut und später als Mist auf die Flächen ausgebracht. Auch dadurch werden Grenzen für den Hof geschaffen. Dass der Mist der Tiere von dem Futter der hofeigenen Flächen eine ganz besondere Wirkung (individuell) hat, ist inzwischen auch wissenschaftlich belegt. Untersuchungen von Grünland haben gezeigt, dass die langjährige Zufuhr betriebseigenen organischen Rinderdungs die mikrobiellen Umsetzungsprozesse für Stickstoff im Boden markant anders beeinflusst als betriebsfremder, aus anderen Betrieben eingeführter Mist. Dieser als «Home Field Advantage» bezeichnete Effekt weist auf eine langfristige Anpassung des Bodenmikrobioms an die wiederholte Zufuhr des betriebseigenen Düngers hin.[8] Der innerbetriebliche Substanzstrom des hofeigenen tierischen Düngers individualisiert den Standort.[9] Man kann auch an diesem Beispiel sehen, wie die Rinder eines Hofes den Raum des landwirtschaftlichen Betriebsorganismus schaffen und abgrenzen – sie binden ihn förmlich zusammen.

Es ist durchaus denkbar, wenn auch noch nicht erforscht, dass sich in einer Gegend von Hof zu Hof unterschiedliche mikrobielle Lebensgemeinschaften durch die differenzierte Art der Bewirtschaftung bilden können. Das würde bedeuten, dass sich individuelle Hof-Mikrobiome entwickeln, an denen man einen Betrieb von einem anderen deutlich unterscheiden kann.

Von Seen ist bekannt, dass es direkt nebeneinander, also im gleichen Gewässer, bei gleichen Lebensbedingungen und in nur wenigen Metern Abstand deutlich unterschiedliche Mikrobiome gibt.

So bildet sich die Hofindividualität in einem ersten Schritt aus durch das Zusammenklingen der Vertikalen, die vom fernen Kosmos bis tief in die Erde hinein wirkt, und der Horizontalen, die durch das tierische Element Räume und Grenzen schafft. Dieses Wirken der Tiere, durch das der Hoforganismus eine imaginäre Haut (Netzwerk) durch das Mikrobiom bekommt, ist ein wesentlicher Punkt bei der Entwicklung einer Hofindividualität. Er ist nach meiner Auffassung eine der Voraussetzungen zu ihrer Bildung, denn jeder Organismus benötigt, um zu funktionieren, eine Hülle, eine Haut. Innerhalb der Haut, die weder nach außen noch nach innen abgeschlossen ist, kann sich dann die Ganzheit des Organismus entwickeln, bei der die Rinder durch ihre Anwesenheit im Betrieb eine alldurchdringende und ordnende Kraft darstellen.

3 Das Schließen der Stoffkreisläufe

Aussage Rudolf Steiners im Kurs: Und jede Landwirtschaft müsste eigentlich sich nähern – ganz kann das nicht erreicht werden – aber sie müsste sich nähern – diesem Zustand, eine in sich geschlossene Individualität zu sein. Das heißt, es sollte die Möglichkeit herbeigeführt werden, alles dasjenige, was man braucht zur Hervorbringung, innerhalb der Landwirtschaft selbst zu haben, wobei zur Landwirtschaft der entsprechende Viehbestand selbstverständlich hinzugerechnet werden muss. Im Grunde genommen müsste eigentlich dasjenige, was in die Landwirtschaft hereingebracht wird an Düngemitteln und ähnlichem von auswärts, dass müsste in einer ideal gestalteten Landwirtschaft angesehen werden schon als ein Heilmittel für eine erkrankte Landwirtschaft.

In dieser Aussage fasst Steiner zu Beginn des zweiten Vortrages in aller Kürze einige der bedeutendsten Grundsätze der biodynamischen Landwirtschaft zusammen. Sie stellen für jeden Praktiker, der vor der Entscheidung einer Umstellung steht, eine der größten Herausforderungen dar. Während der ganzen Ausbildung und der darauf folgenden Zeit der Betriebsführung hat er gelernt, dass mit dem Verkauf der Ernte auch Nährstoffe verkauft werden und dass, wenn diese Nährstoffe nicht in mineralischer oder organischer Form ersetzt werden können, es in der nächsten Ernte keine ordentlichen Erträge geben wird (Düngung auf Entzug). Außerdem hat man ja in der konventionellen Praxis erlebt, dass diese Art zu denken und zu handeln zunächst bei oberflächlicher Betrachtung auch gut funktioniert. Dieses nährstoffbasierte Denken ist heute auch auf umgestellten Betrieben im Ökolandbau weit verbreitet, und man macht sich viele Gedanken, wie man auf möglichst verträglichem Wege die entzogenen Nährstoffe in den Betrieb einbringen kann.

Da man im konventionellen Landbau nicht die Bedeutung und die Leistungsfähigkeit von biologisch intakten Böden kennt, ist die Skepsis bei der Vorstellung, den Betriebskreislauf zu schließen, sehr groß. Aber gerade durch die Folgen der chemotechnischen Wirtschaftsweise werden die Grundlagen für ein aktives Bodenleben und ein funktionierendes Agrarbiotop zerstört. Der Einsatz von Mineraldünger und Pestiziden schädigt durch seine Salzwirkung und durch die lebensfeindlichen Spritzmittel die Entwicklung eines reichhaltigen Mikrobioms im Boden. Weiter tragen die Intensität der Nutzung, die einseitigen Fruchtfolgen, viehloses Wirtschaften, ausgeräumte Landschaften und der Einsatz von übergroßen Maschinen dazu bei, dass die Böden stark an Lebenskraft verlieren. Diese Art der Landwirtschaft sorgt für ein Absterben der Funktionsfähigkeit der Böden, ihre Dynamik nimmt ab und damit auch ihre natürliche Leistungsfähigkeit, was sich im Nachlassen der natürlichen Bodenfruchtbarkeit ausdrückt. Diese Verarmung schreitet dann im Verlaufe fort und drückt sich in der weiteren Zerstörung des Mikrobioms des Bodens aus. Die Menge und die Aktivität von Pilzen und Bakterien sowie die Zahl der Bodentiere gehen stark zurück. Als Folge daraus wird die Nahrungskette für weitere Tiere verringert, und die Anzahl von Insekten und Laufkäfern bis hinein in die Welt der Vögel und weiterer Tierarten nimmt stark ab. Ähnlich sind die Auswirkungen auf die Wildkräuter, die zu einem landwirtschaftlichen Betrieb gehören. Man kann sagen, dass durch die Zerstörung der Böden ein Zurückgehen der Lebenskräfte eines Hofes auf breiter Basis erfolgt. Dadurch verliert der Betriebsorganismus an Widerstandskraft. Die treibenden Kräfte der Mineraldüngung fördern eine übermäßige Bildung von Pflanzenmasse. Diese übermäßigen Kräfte des Wachstums kann man aber nur durch den regelmäßigen Einsatz von Pestiziden in den Griff bekommen. So entsteht ein Kreislauf ohne Ende (siehe Bild 4).

Krankheitserscheinungen im Boden und im Menschen

All dieses ist bekannt, und trotzdem werden die Böden weiterhin durch die Düngung mit mehr Mineralsalzen belastet, als die Pflanzen wirklich benötigen. Das führt zu Auswaschungen und Emissionen. Man hat es beim Boden und dem herkömmlichen Agrarökosystem mit einem wirklich kranken Patienten zu tun, bei dem die Zirkulationsprozesse des Rhythmischen Systems, die Stoffwechselprozesse und das Nerven-Sinnes-System stark gestört sind. Man kann die Situation mit einem überernährten Menschen vergleichen, bei dem viele körperliche Abläufe nicht mehr in Harmonie sind. Bei stark übergewichtigen Menschen kommt es im Stoffwechselbereich zu Störungen, und es bildet sich eine Diabetes und eine Störung des Fettstoffwechsels aus. Im rhythmischen System kommt es zu Bluthochdruck, Arterienverkalkung und Kurzatmigkeit, und selbst das Nerven-Sinnes-System leidet unter der Übergewichtigkeit, denn je schwerer ein Mensch im mittleren Alter ist, desto schneller baut sein Denkvermögen ab, wie Studien aus Frankreich und England belegen. Falsche und ungesunde Ernährung bewirkt beim Menschen eine Störung des Mikrobioms im Darm, die nicht nur die Verdauungsprozesse und Immunvorgänge schwächt, sondern auch die Verarbeitungs- und Lernvorgänge, die sich beim Wahrnehmen der Nahrung bei der Verdauung vollziehen. Das führt dazu, dass die Botschaften, die über den Vagusnerv ins Gehirn getragen werden, nicht mehr richtig im Nerven-Sinnes-System ankommen. Die natürliche Leistungsfähigkeit nimmt ab.

Rudolf Steiner spricht über das Phänomen der Überernährung.[10] Er sagt, dass jede solcher Ablagerungen im Menschen, die unverarbeitet bleibt, wie diejenige, die bei Diabetes eintritt, bedeutet, dass der Mensch für die in ihm vorhandenen Stoffe nicht den Anschluss an das Geistige findet. Das bedeutet nach meiner Auffassung, dass dem Geist als im Geistig-Physischen wirkende Kraft für die Ausbildung der Körperformen des Menschen, aber auch der Pflanzen und ihrer Substanzen mehr Stoffe und Energie angeboten werden, als zur Inkarnation der Menschen, aber auch der Pflanzen notwendig sind. Dieses Zuviel an Stoffen wirkt im Menschen, aber auch in der Pflanze und im Boden krankmachend.

So wie ein Mensch mit zu hohem Körpergewicht durch weniger Essen und mehr Bewegung abnehmen und wieder gesunden kann, sodass die in ihm vorhandenen Stoffe wieder Anschluss an das Geistige in ihm finden können, so kann durch die Schließung der Stoffkreisläufe eines Hofes, verbunden mit einer flächengebundenen Tierhaltung und einer vielfältigen Fruchtfolge, sich der Boden und das ganze Biotop eines Hofes regenerieren. Dadurch wird das Stoffangebot im Boden auch nur noch so hoch sein, dass die gelösten Stoffe wieder Anschluss an das Geistige der Pflanze finden können, also von ihr aufgenommen werden.

Mir ist bewusst, dass der Vergleich zwischen dem menschlichen und dem landwirtschaftlichen Organismus nicht in allen Bereichen zutrifft, aber das Bild, dass wir in konventionell bewirtschafteten Böden und Höfen einen kranken Patienten haben, der mit der Umstellung eine gesundende Diät und fördernde Bewegung und Dynamik erhält und sich dadurch auch innerlich selbst ergreifen und straffen kann, trifft zu. Mir war dieses Bild vor allem bei später hinzugekommenen Flächen oft sehr nahe.

So beginnt die Umstellung eines Betriebs zunächst vor allem mit einem anderen Umgang mit dem Boden. Es bildet sich nun ein neues Bodenleben, welches dann auch auf die Entwicklung weiterer Tiere und Pflanzen förderlich wirkt und schlussendlich die Grundlage für die Entwicklung des ganzen landwirtschaftlichen Organismus in seiner Vielfalt bildet. Studien des FIBL ergaben, dass Bioböden bis zu 59 % mehr Biomasse aus Mikroorganismen enthielten als konventionelle Böden. Außerdem waren die Mikroorganismen in Bioböden bis zu 84 % aktiver.

Der erste Schritt bei der Umstellung ist eine andere Behandlung der Böden, nach Steiner also des Zwerchfells, des Rhythmischen Systems. Darauf folgen dann viele weitere Maßnahmen, bis der Hof sich zu einem Organismus entwickelt hat und damit die Individualisierung des Standortes ausgebaut werden kann.

Die Gesundung des Bodens und des Hoforganismus

Im zehnten Vortrag des Vortragszyklus GA 230[11] weist Rudolf Steiner darauf hin, wie beim Menschen die Stoffwechselvorgänge immer eine latent krankmachende Tendenz in sich tragen und wie die Zirkulationsvorgänge im Körper die Heilung bewirken können; hier nennt er den Atemrhythmus. Das Nerven-Sinnes-System nimmt diese Auseinandersetzung der krankmachenden und der heilenden Kräfte im Körper wahr und bildet daraus die Kräfte zur geistigen Entwicklung des Menschen. Eine besondere Heilwirkung auf das Zirkulationssystem geht im menschlichen Organismus von der Atmung aus, denn sie ist in den kosmischen Rhythmus des Laufes der Sonne eingebunden. Der Mensch macht an einem Tag 25.920 Atemzüge, das entspricht dem Laufe der Sonne in einem Weltenjahr, welches 25.920 Jahre umfasst. Der Mikrokosmos der menschlichen Atmung entspricht also im Idealfall dem makrokosmischen Sonnenrhythmus. In der Atmung wirken diese kosmischen Sonnenkräfte von außen gesundend auf die anderen Zirkulationskräfte des menschlichen Organismus ein. Steiner drückt das aus, indem er sagt, dass der Atemrhythmus fortwährend den Zirkulationsrhythmus bändigen muss. Am Ende des Vortrages weist er darauf hin, dass auch in der Natur fortwährend krankgemacht und geheilt wird. Man kann also davon ausgehen, dass ähnliche Kräfte wie die oben beschriebenen auch auf den landwirtschaftlichen Organismus zutreffen.

Der Stoffwechselbereich im landwirtschaftlichen Organismus

Im Landwirtschaftlichen Kurs entwickelt Steiner, dass das Stoffwechsel-Gliedmaßen-System im Bereich über der Erde zu finden ist. Wir Menschen und die Tiere «gehen praktisch in dem Bauch der Individualität spazieren». Hier wirken über die Wärme und das Licht die sonnennahen Planeten Merkur, Venus und Mond über das Wässrige auf die Salze der Erde, namentlich auf den Kalk ein. In diesem Bereich finden die Stoffumsätze, die Energiekreisläufe und stetige Veränderungen statt. Der Kalk und die Salze streben in diesem Bereich begierig nach Verkörperung in den Pflanzen. Nach Steiner liegt, wie oben dargestellt, beim Menschen im Stoffwechselsystem der Ursprung von Krankheit. Es ist richtig, als Stoffwechseltätigkeit im Bereich über der Erde zunächst die Pflanze mit der Fotosynthese zu benennen. Steiner weist im Landwirtschaftlichen Kurs darauf hin, dass es für viele Pflanzen keine scharfe Grenze zwischen dem Leben innerhalb der Pflanze und dem Leben in ihrem Umkreis bzw. im Boden gibt. Diese Aussage ist inzwischen durch die Forschung vielfach bestätigt worden. Heute ist bekannt, dass die Pflanzen zwischen 20 und 40 % ihrer Assimilate in den Boden abgeben können. Davon werden 10 bis 20 % direkt über die Wurzel in den Boden abgegeben. Es handelt sich um Zucker, Aminosäuren und Säuren, die für die Ernährung und Stimulierung der mikrobiellen Biomasse im Boden von großer Bedeutung sind. Diese Exsudate der Pflanze können teilweise selbst Minerale aus dem Boden lösen, aber auch die durch die Wurzelausscheidungen geförderten Mikroben lösen Nährstoffe aus dem Boden und machen sie für die Pflanzen verfügbar.

Tiere und Menschen tragen ihr Mikrobiom innerhalb ihres Körpers in den Vormägen bzw. im Darm. Die Pflanzen bauen sich ihr Mikrobiom selbst im Boden auf. Der Boden ist also auch Teil ihres Stoffwechselsystems. Ist dieses Mikrobiom gestört, so sind auch die Zirkulationsprozesse der Pflanze gestört. Es kommt vermehrt zu Krankheiten und Schädlingsbefall. Mineralsalze, Pestizide und auch andere Fremdstoffe schädigen das Mikrobiom, sodass eine natürliche Lösung von Nährstoffen aus dem Erdboden, aber auch eine natürliche Speicherung der Stoffe durch den Ton-Humus-Komplex nicht mehr ausreichend erfolgen kann. Durch die mineralische Düngung wird der Pflanze über das Wasser im Boden eine Nährlösung in sehr hoher Konzentration dauerhaft angeboten. Das ist wie eine Art Überfütterung, wie eine Druckbefüllung. So entsteht ein zu großes Stoffangebot, das keinen Anschluss an das Geistige der Pflanzen bei ihrer Substanzbildung finden kann. Das wirkt sich vermindernd auf die Qualität aus.

Das Zwerchfell als rhythmischer Bereich im landwirtschaftlichen Organismus

Das Zwerchfell ist der Muskel, der das Ein- und Ausatmen bewirkt. Steiner vergleicht im Landwirtschaftlichen Kurs den Boden mit dem Zwerchfell. Den rhythmischen Bereich im landwirtschaftlichen Organismus finden wir also im fruchtbaren Boden, in der Mitte zwischen dem Stoffwechsel und dem Kopf im Unterboden. Dort finden neben dem Zirkulationssystem vor allem der Rhythmus, Einatmen, Ausatmen, Schlafen, Wachen, Aufbau und Abbau statt. Steiner ordnet das Sonnenhafte dem Zwerchfell zu. Hier ist auch der Ton zu finden, der ständig für die kosmische Aufwärtsströmung der Wirkung der sonnenfernen Planeten sorgt. Im Bereich der Mitte sind beim Menschen nach Steiner die Zirkulationsvorgänge und die Atmung tätig. Die Bodenatmung wird durch die Kraft der Sonne bewirkt. Sie gibt durch ihren Stand im Jahreslauf die Rhythmen der Bodenatmung vor. Dieser Rhythmus vermittelt zwischen dem Kopf, der unter der Erde zu finden ist, und dem Stoffwechsel über der Erde und wirkt, ähnlich wie beim Menschen, bei dem von der Verbindung des Atems mit den Zahlengeheimnissen des Sonnenlaufes heilende Kräfte ausgehen, gesundend auf das Zirkulationssystem des landwirtschaftlichen Organismus ein.

Der Kopf als Nerven-Sinnes-Bereich im landwirtschaftlichen Organismus

Unter dem Zwerchfell finden wir den Kopf der landwirtschaftlichen Individualität. Hier ist das kieselhaltige Gestein, welches die Wirkungen der sonnenfernen Planeten Mars, Jupiter und Saturn aufnimmt. Die Wirkungen dieser Planeten werden über das Licht und die Wärme in die Erde hineingetragen und von dem Kiesel, welcher, ähnlich einem menschlichen Auge, diese Kräfte aufnimmt, nach oben in den rhythmischen Bereich des Zwerchfells und in den Stoffwechselbereich über der Erde zurückgestrahlt. Diese Kräfte bewirken Formkraft, Strukturbildung und kosmische Ordnung (Kosmos verstanden als die nur im Gedankenlicht geistig erfassbare Ordnung der Welt, nach Jochen Bockemühl)[12]. Beim Menschen wirkt der Prozess der Atmung heilend in die Stoffwechselprozesse hinein. Die Heilung lässt im Nerven-Sinnes-System des Menschen die Kräfte zurück, die gesundend auf den Stoffwechsel eingewirkt haben. Daraus werden beim Menschen die Kräfte der geistigen Entwicklung gebildet. Dieser Gedanke, dass die landwirtschaftliche Individualität dem auf den Kopf gestellten Menschen entspricht, ist nicht physisch aufzufassen, sondern funktionell, nach den dort wirkenden Kräften. Vom Kopf des Menschen gehen ständig Signale, Reize und Erregungen über das Nervensystem in die beiden anderen Systeme. Diese Impulse des Hirns wirken bis in die Strukturierung der Zellen und Gewebe hinein.

Es wird deutlich, dass die Belebung des Bodens und des ganzen Hoforganismus über die Mitte, den fruchtbaren Boden, das Zwerchfell läuft. Das gesamte Edaphon, alle Pflanzen mit ihren Wurzeln können sich nur durch die Kraft der Sonne und der damit verbundenen Fotosynthese entwickeln. Die so entstehenden organischen Massen werden vom Bodenleben verstoffwechselt. Die Assimilate, die über die Wurzelspitzen in den Boden abgesondert werden, regen das Bodenleben zur Aktivität an. Vom Rhythmischen System der landwirtschaftlichen Individualität kann eine gesundende Wirkung nach oben in den Stoffwechselbereich ausgehen. Und auch der Nerven-Sinnes-Bereich kann sich, befreit von der Überversorgung der vielen Salze, neu fassen und dazu beitragen, durch seine Wirkungen gesundend und ordnend auf die Entwicklung des Organismus einzuwirken. Wir leiten so die Selbstheilung des gesamten Organismus ein, indem wir die Lebenskräfte (die ätherischen Kräfte) des Bodens stärken. Diese neu geschaffene Lebenskraft kann dann in den ganzen Organismus ausstrahlen.

Bild 4: Das Nahrungsnetz des Bodens

Dieser Prozess der Gesundung durch das Schließen der Stoffkreisläufe wird durch den Einsatz der biologisch-dynamischen Präparate in Verbindung mit Rottemist oder Kompost befördert und verstärkt. Viele wissenschaftliche Untersuchungen zeigen dies inzwischen. So finden sich bei der biodynamischen Anbauweise im Vergleich mit denen der bioorganischen und konventionellen Landbaumethode die geringsten Lachgas- und Methanemissionen. Das Mikrobiom ist in seiner Biomasse am stärksten ausgebildet, und wie eine Netzwerkanalyse von Bakterien und Pilzen aus Frankreich im Weinbau zeigt, hat die biodynamische Variante 49.000 Verbindungen, die bioorganische 1.700 und die konventionelle 1.400. Die Verlebendigung des Bodens durch die biodynamische Anbauweise und durch die mit ihr einhergehenden Maßnahmen zeigt sich hier deutlich.

4 Einige Gedanken zu den Eiweißstoffen im landwirtschaftlichen Organismus

Zu Beginn des dritten Vortrages weist Steiner auf die Bedeutung des Stickstoffs und seiner vier Geschwister im Haushalt der Natur hin. Er erwähnt hier das tierische und das pflanzliche Eiweiß, in denen Kohlenstoff, Sauerstoff, Stickstoff, Wasserstoff und zum Teil auch Schwefel vereint wirken.

Der kleinste Baustein des Eiweißes sind die Aminosäuren. Es gibt etwa 270 verschiedene Aminosäuren. Sie bestehen, wie viele andere Stoffe auch, aus Kohlenstoff, Sauerstoff und Wasserstoff. Die besondere Bedeutung der Aminosäuren und Eiweiße besteht in der Verbindung dieser Stoffe mit dem Stickstoff. Der Stickstoff bringt die Lebendigkeit und die Beweglichkeit in die Aminosäuren und in das Eiweiß. Je lebendiger das Eiweiß ist, desto formloser und veränderlicher ist es auch. Auf der anderen Seite hat das Eiweiß auch eine strukturbildende und strukturerhaltende Funktion im Organismus, stellt also auch ein informatives Element im Stoffwechsel dar. Eiweiße liefern zum Beispiel im Menschen die Grundlage für die Bildung von Muskeln, Organen und bei der Blutbildung.

Groß ist die Bedeutung des Eiweißes auch bei der Düngung mit Mist. Der Rinderdung ist ein eiweißreicher Dünger. Er erhöht den Humusgehalt der Böden; dabei werden auch ca. 50 % des Rindermiststickstoffs in die organische Substanz des Bodens eingebaut und können später mineralisiert werden. Das erhöht die langfristige Fruchtbarkeit der Böden. Der Stickstoff im Mist liegt zu ca. 60 % in Form von Aminosäuren vor.

Enzyme bestehen chemisch gesehen aus Eiweiß. Enzyme sind von großer Bedeutung in allen Lebewesen, aber auch im Boden spielen sie eine wichtige Rolle. Sie beschleunigen die chemische Reaktion von verschiedenen Prozessen, ohne sich selbst dabei zu verändern. Sie deuten auf eine große Aktivität des Mikrobioms hin und sind sehr förderlich für eine gute Bodenentwicklung. Untersuchungen weisen auf eine starke Enzymaktivität in biodynamisch gepflegten Böden hin. So zeigen die Untersuchungen des DOK-Versuchs bei der biodynamischen Variante die höchste Enzymaktivität bei der Protease (Eiweißspaltung), der Phosphatase (Abspaltung von Phosphorsäure aus Polyphosphaten) und der Dehydrogenase (Maß für die Mikroorganismentätigkeit im Boden).

Die Begriffe Aminosäuren, Eiweiß und Enzyme werden im weiteren Verlauf des Textes öfter gebraucht, denn sie sind auch von großer Bedeutung für die Vorgänge im geschlossenen Betriebskreislauf.

Bei dem Gedanken an die geschlossenen Stoffkreisläufe eines Hofes kann man zunächst sich deutlich machen, dass der Hof in Bezug nur auf die Horizontale weitgehend geschlossen ist, aber in der Vertikalen immer geöffnet bleibt. Oft denken wir noch den geschlossenen Stoffkreislauf nur auf Grundlage der Mineralstofftheorie von Liebig in der Horizontalen.

Es sind aber nicht nur die Wirkungen der Fixsterne, der Planeten und der Sonne, die aus der Atmosphäre in den Hof hineinwirken, sondern es sind auch, wie Steiner es im Kurs beschreibt, viele Stoffe wie Kieselsäure, Blei, Quecksilber und Arsen, die der Himmel freiwillig mit dem Regen hergibt. Es handelt sich um Reizwirkungen, die in feiner Dosierung um die ganze Erdatmosphäre herum wirken. Dieser Sachverhalt wird heute immer mehr erkannt, und man bemerkt, dass es ein sensibles Gleichgewicht zwischen dem Boden, der Pflanze und der Atmosphäre gibt, aus der z.B. auch die Versorgung mit Schwefel, Aminosäuren und Proteinen in feiner Dosierung erfolgen kann.

Ein weiterer wichtiger Aspekt zum Thema der offenen Vertikale eines Hofes betrifft die Gase der Luft, die in der direkten Umgebung der Erde zu finden sind: den Stickstoff, den Sauerstoff, den Kohlenstoff und den Wasserstoff. Sie verhalten sich als Gase in der Luft träge und gehen keine Verbindung miteinander ein. Sowie sie sich aber mit der Erde verbinden, werden sie sehr aktiv und tragen zu dem Geschehen auf unseren Höfen sehr viel bei. Diese Stoffe gibt es kostenlos, wir müssen sie nur geschickt in dem Betrieb binden. Dabei sollte man immer im Bewusstsein haben, dass die Stoffe in der Landwirtschaft als Träger von geistigen Kräften und Eigenschaften wirken.

So sagt Steiner im Landwirtschaftlichen Kurs: «Die Kräfte der Erde und des Kosmos, von denen ich Ihnen gesprochen habe, sie wirken ja innerhalb des Landwirtschaftlichen durch die Stoffe der Erde.» Deshalb ist es wichtig, die nun folgende kurze Betrachtung der Stoffe immer unter dem Aspekt der Kräfte und ihrer Wirkungen zu lesen.

Der Kohlenstoff

Da ist zunächst der Kohlenstoffanteil in der Luft, der dort nur in sehr geringen Mengen als Kohlendioxid zu finden ist. Der Kohlenstoff in seiner beweglichsten Form, dem Kohlendioxid, steht in einem engen Zusammenhang mit der durch das Bodenleben bearbeiteten organischen Masse. Er ist ein Stoffwechselprodukt dieser Auseinandersetzung und kann direkt von den Pflanzen unseres Hofes aufgenommen werden. Der Kohlenstoff speichert die Energie der Sonne, die später den Stoffwechselprozessen des Bodens zur Verfügung steht. Im Kohlenstoff sind die Impulse der Sonne mit der Erde verbunden. Im reinen Kohlenstoff, im Grafit oder Diamant, treten uns zwei Eigenschaften entgegen, die für die Bildung von Pflanzenmassen von außerordentlicher Bedeutung sind. Der Grafit ist geschmeidig und höchst anpassungsfähig, der Diamant hat eine enge Beziehung zum Licht, zeigt aber auch eine sehr starke Kraft, die physischen Stoffe zusammenzuhalten, was sich in seiner Härte ausdrückt. Durch diese Eigenschaften lässt sich der Kohlenstoff durch das Leben formen und kann diese Formen auch festhalten. Er ist der Träger aller Gestaltungsprozesse in der Natur, deshalb nennt Rudolf Steiner ihn auch den Weltenplastiker, der die großen Weltenimaginationen in sich trägt. Der Kohlenstoff ist Träger des Physischen auf der Erde, in dessen Formkraft sich der Weltengeist verkörpern kann.

Wir können die Eigenschaften des Kohlenstoffs in unseren Höfen besonders stärken, indem wir auf einen guten Umsatz an Kohlenstoff im Boden durch eine geeignete Fruchtfolge, das richtige Maß an Tierhaltung und eine behutsame Bodenbearbeitung achten. Ein Kohlenstoffumsatz von über 3 t C/ha Ackerland im Jahr hilft dem Kohlenstoff, ausreichende Gestaltungskraft zu finden.

Der Stickstoff

Der Stickstoff ist das Gas, welches am stärksten in unserer Atmosphäre vorhanden ist. Es zeigt sich aber gegenüber der Erde als ein besonders träges Luftgas. Es kann nicht ohne die Hilfe der Pflanzen und der Tiere in die Lebensprozesse der Erde eingreifen. Es hat aber auch als träges Gas der Luft, deren Hauptbestandteil es ist, enorme Auswirkungen auf das Leben von uns Menschen auf unseren Höfen. Im Landwirtschaftlichen Kurs heißt es, überall wo der Stickstoff ist, breitet sich Astralisches aus. Die Pflanzen, Tier und Mensch bestehen zu 50 bis 90 % aus Wasser. Das Wasser hat in der Welt, aber auch in den Körpern aller Lebewesen eine große Oberfläche. Wasser dehnt sich bei Wärme aus und zieht sich bei Kälte zusammen. Der Luftdruck der Atmosphäre wirkt hemmend auf den Drang des Wassers, sich auszudehnen. Der Stickstoff als der Hauptbestandteil der Luft ist vor allem der Träger des Luftdruckes – er hält durch den Druck die Flüssigkeit in den Lebewesen zusammen. So wird die zarte Wassersäule einer Pflanze im Raum durch den Druck der Luft in Schach gehalten. Der Druck der Luft breitet sich sofort aus, wenn er keinen Widerstand im Raum vorfindet. Sowie sich aber physische Körper im Raum ausbreiten, macht er vornehm Platz für alle anderen Wesen. Die zerbersten dann nicht, sondern sie entwickeln unter dem Druck der Luft ihre vielfältigen Formen. Steiner sagt, dass der Stickstoff der physische Träger des Astralischen ist und dass das Astralische von außen überall die Pflanze berühren muss, sonst könnte sie nicht blühen. Der Stickstoff trägt durch den Luftdruck dazu bei, die ungezügelten Wachstumskräfte des Ätherischen zu begrenzen. So können sich die Pflanzenformen auf den Höfen zwischen der Wachstumskraft und der Formkraft ausbilden. Dadurch, dass der Stickstoff der Luft nach Steiner über alles eine Art empfindendes Leben ausgießt, empfindet er auch, wenn auf irgendeinem Boden die richtigen Pflanzen da sind, Sympathie.

Durch die Dünste und den Staub in der Luft, in der der Stickstoff mit ca. 80 % das am stärksten vertretene Gas ist, wird die Glut der Sonne abgemildert, und es können sich so die Farben bilden (siehe Goethes Farbenlehre). Die Durchsichtigkeit der Luft trägt dazu bei, dass wir Menschen die vielfältigen Erscheinungen der Sinnenwelt bewusst wahrnehmen können und wir unser Bewusstsein entwickeln können.

Wir verdanken dem trägen Stickstoff in der Luft also die Vielfalt der Farben und Formen der Welt und die Möglichkeit, die Dinge bewusst zu erfassen. Das hat natürlich eine enorme Auswirkung auf unser Handeln und Denken auf den Höfen.

In den Böden unserer Betriebe zeigt sich der Stickstoff von einer ganz anderen Seite. Normalerweise ist die Erdrinde eher arm an Stickstoff. Erst im Boden entwickelt er eine große Lebendigkeit, die sich besonders in der Verbindung von Stickstoff und Sauerstoff (NO_3) zeigt. Rudolf Steiner weist im dritten Vortrag des Kurses auf die belebende Kraft des Stickstoffs im Boden hin, indem er die Bedeutung des Sauerstoffs für die menschliche Lunge erwähnt und sie mit der Wirkung des Stickstoffs im Boden auf die Stoffe in der Erde, namentlich auf den Kalk, in Beziehung setzt. Auch im Eiweiß spielt der Stickstoff eine besondere Rolle. Eiweiße sind Träger von strukturellen und funktionellen Vorgängen in allen Lebewesen (zum Beispiel als Träger von Enzymen).

Als Stickstoffquellen, die wir durch unsere landwirtschaftlichen Maßnahmen im geschlossenen Betriebskreislauf einsetzen können, stehen uns vor allem die Leguminosen und der Mist der Tiere zur Verfügung. Um ein ausreichendes C/N- Verhältnis im Boden von 20 bis 25 zu 1 erreichen zu können, muss in der Fruchtfolge mindestens ein Anteil von 30 % Leguminosen angebaut werden. Dabei sollte man bedenken, dass 30 % Kleegrasanteil in der Fruchtfolge nicht 30 % Leguminosen bedeuten. Ein ausreichend hoher Viehbesatz von mindestens 0,5 RGVE erhöht den zur Verfügung stehenden Stickstoff ebenso, wenn auch eher durch den Mist die Steigerung der Bodenfruchtbarkeit durch die Aminosäuren und den Aminozucker langfristig gefördert wird. Durch den Mist der Tiere wird der Gesamtstickstoffgehalt des Bodens gefördert, aus dem später auch Stickstoff für die Pflanzen mineralisiert werden kann.

Eine weitere wichtige Stickstoffquelle stellt der Anbau von Zwischenfrüchten dar. Hier eignen sich besonders winterharte Zwischenfrüchte, die bei Umbruch im Frühjahr einen ordentlichen Stickstoffschub bringen.

Eine wichtige Voraussetzung für die Schließung der Stoffkreisläufe eines Hofes ist es, durch eine ausreichende Menge an Stickstoff den Kohlenstoff in Bewegung zu bringen und gute Pflanzenbestände zu haben, die durch Beschattung und gute Wurzelbildung den Boden erschließen und verlebendigen. So können wir den Stickstoff als Träger der Astralität durch verschiedene Maßnahmen in unseren Böden in seiner Wirkung verstärken.

Der Sauerstoff

Der Sauerstoff ist im Gegensatz zum Stickstoff als Luftgas auf das Empfindlichste mit den Verhältnissen auf der Erde direkt verbunden. Er wird durch die Kraft der Sonne gebildet und ist überall wirksam. Er ist laut Steiner der physische Träger des Ätherischen. Er greift die Stoffe der Erde an (als Oxidation und Verbrennung, wobei diese Begriffe im Lebendigen eine andere Bedeutung haben als in der äußeren Natur) und lässt sie Licht und Wärme ausstrahlen; dabei bringt er Wechselwirkungen und Beweglichkeit hervor. Er steigt als Abgesandter, als Bote der Sonne bis in die Tiefen der Erde hinunter und erweckt die Erdenstoffe. Dieser erweckende Einfluss des Sauerstoffs bewirkt in vielen Fällen eine größere Löslichkeit der Stoffe und macht sie den Lebensprozessen zugänglicher. Er holt viele Stoffe aus ihrer Isolation und macht sie für das Leben zugänglicher.

Durch eine gute Krümelstruktur des Bodens kann ausreichend Sauerstoff im Boden vorhanden sein. Durch die Grundbodenbearbeitung und durch die Pflegemaßnahmen wie Striegeln und Hacken können wir den Sauerstoffgehalt des Bodens erhöhen. Das dient dem Erhalt des Bodenlebens, der Verwitterung der anorganischen und organischen Substanz. Durch eine zu starke Belüftung des Bodens wird die verzehrende Wirkung des Sauerstoffs im Boden gefördert. Es kann zu einem zu starken Abbau der organischen Substanz kommen.

Der Wasserstoff

Von den Gasen der Luft spielt der Wasserstoff im Bewusstsein der praktischen Bauern keine große Rolle. Und doch hat dieses Gas eine enorme Bedeutung für die Landwirtschaft und den Gartenbau. Es ist äußerst flüchtig und breitet sich rasant schnell aus. Steiner sagt im Kurs, dass der Wasserstoff wichtig ist, damit die physischen Formen, die gebildet worden sind, wieder in den Kosmos verschwinden können. Diese Eigenschaft, sich im Umkreis der Erde zu verteilen, überträgt er auf fast alle Stoffe, mit denen er sich verbindet, sodass sie beweglicher werden als vor der Verbindung mit Wasserstoff. Im Sumpfgas (CH_4) gewinnt der starre Kohlenstoff z.B. wieder an Beweglichkeit, oder im Ammoniak (NH_3) erlangt der Stickstoff größte Flüchtigkeit. Solange ein Organismus wächst, werden alle Stoffe um den Kohlenstoff herumgruppiert. Sobald ein Organismus abstirbt und die Stoffe wiederum an die Umgebung abgegeben werden müssen, macht sich der Wasserstoff geltend und zieht alles zur Peripherie hin. Diese Tendenz kann man auch bemerken, wenn eiweißreiche organische Substanz ohne ausreichende Versorgung mit Sauerstoff im Boden zersetzt wird. Es riecht dann nach Schwefelwasserstoff.

Wasserstoff wirkt aber nicht nur auflösend, sondern er ist auch sehr wichtig für die Neubildung von organischer Substanz. Er trägt nach Steiner auch das Wesenhafte aus den Weiten des Kosmos auf die Erde nieder und spielt eine wichtige Rolle bei der Bildung von physischen Formen. Bei der Darstellung der Samenbildung spricht Rudolf Steiner darüber, wie der Wasserstoff die Stoffe im Chaos für die kosmischen Einflüsse empfänglich macht. Wasserstoff hat z.B. eine strukturgebende Bedeutung für die Bildung größerer Proteinkomplexe. Durch seine Fähigkeit, zwischen dem Sauerstoff und dem Stickstoff als Brücke zu fungieren, trägt er dazu bei, dass sich größere Proteinverbindungen bilden können. Der Wasserstoff gilt als Träger des Geistigen, des Ichs.

Der Schwefel

Der Schwefel tritt in einer unbelasteten Luft nicht als Gas auf, er soll hier aber trotzdem kurz erwähnt werden. Mit dem Schwefel verbindet sich die Kraft, das überall in der Welt ausgebreitete Geistige mit dem Physischen zu verbinden.

In den Aufzeichnungen zum Landwirtschaftlichen Kurs legt Steiner sehr praktisch dar, wie die Stoffe und ihre Kräfte zusammenwirken. Er schreibt, es trage eine «universelle Kraft» das Wesen aus dem Wasserstoff in den Sauerstoff, dort finde sie das Ätherisch-Lebendige, das die Gestalt nach außen führt, trage sie hinüber in den Stickstoff – da ist das Seelische zu finden, das nach innen wirkt –, dann in den Kohlenstoff – da ist der Geist zu finden, der gestaltet. Der Schwefel sei diese universelle Kraft.

5 Landwirtschaftliche Maßnahmen, um den Organismus zu beleben

Die Verlebendigung des Bodens

Die hier folgenden Darlegungen sind aus meiner Tätigkeit als biodynamischer Betriebsleiter gewonnen worden, aber ebenso durch die zahlreichen Betriebsbesuche und Betriebsentwicklungsgespräche, an denen ich in den letzten 47 Jahren teilnehmen konnte. Rudolf Steiner sagt im Landwirtschaftlichen Kurs, dass das Düngen in einer Verlebendigung der Erde bestehen muss. Das heißt, dass der Begriff des Düngens viel weiter gefasst werden sollte, als dem Boden die Mineralsalze zur Ernährung der Pflanzen zuzuführen. Es bedeutet, dass alle landwirtschaftlichen Maßnahmen unter dem Gesichtspunkt gedacht und umgesetzt werden sollten, dass der Boden zu verlebendigen ist. Es sollte durch diese Maßnahmen im Boden eine ätherische Lebendigkeit in Verbindung mit den strukturgebenden astralen Kräften des Stickstoffs entwickelt werden. Alle Mittel, die dafür notwendig sind, sollen weitestgehend aus dem geschlossenen Betriebskreislauf stammen. Gelingt es dem Praktiker, diese Gedanken auf seinem Betrieb umzusetzen, so werden die Gesetzmäßigkeiten der chemisch dominierten Versorgung der Pflanze mit Nährstoffen abgelöst und durch eine bodenbiologisch dominierte Versorgung ersetzt. Die Verlebendigung von Böden heißt nach meiner Auffassung, die Stoffkreisläufe eines Hofes zu schließen und mithilfe der vertikalen Einwirkungen der kosmischen Kräfte und der vertikal zur Verfügung stehenden Stoffe der Luftgase sowie mit den Präparaten die Stoffkreisläufe des Hofes in Bewegung zu bringen. Dabei stellt die Haltung von Rindern auf dem Hof eines der wichtigsten Elemente dar.

Im Folgenden werden nun die wichtigsten Maßnahmen kurz erörtert, die zum Erreichen dieses Zieles notwendig sind.

Fruchtfolge und Stickstoffversorgung

Eine vielfältige Fruchtfolge, mit mehrjährigem Kleegras-Anbau in Verbindung mit der Haltung von Rindern oder anderen Wiederkäuern. Um zu einem Bodenaufbau zu kommen, muss es das Ziel sein, mindestens 3 t C pro ha und Jahr auf dem Acker umzusetzen.

Umbruch von Kleegras wenn irgend möglich im Frühjahr vornehmen.

Regelmäßiger Wechsel von Winterung und Sommerung.

Anbau von Gemengen ist der Monokultur vorzuziehen, denn sie fördern die Entwicklung des Bodenlebens stärker.

Das C:N-Verhältnis im Boden sollte bei den unterschiedlichen Böden zwischen 25:1 und 10:1 liegen. Um das zu erreichen, muss mindestens ein Leguminosenanteil von 30 % in der Fruchtfolge erreicht werden (30 % Kleegras bedeuten nicht 30 % Leguminosen).

Ausreichende N-Versorgung im Frühjahr ist wichtig. Dadurch wird die rasche Bildung von Blatt- und Wurzelmasse erreicht, sodass es möglichst schnell zu hohen Leistungen an Assimilaten durch die Fotosynthese kommen kann. Pflanzen können zwischen 20 und 40 % ihrer Gesamtassimilate an den Boden abgeben. 10 bis 20 % werden über die Wurzelausscheidungen direkt in die Rhizosphäre der Pflanze abgegeben. Diese Exsudate erschließen den wurzelnahen Boden für die Pflanzen und aktivieren die Mikroorganismen.

Wie kann man den N-Gehalt der Böden im Frühjahr erhöhen? Neben Gülle- und Jauchegaben stellt der Anbau von winterharten Zwischenfrüchten die beste Stickstoffquelle dar. Frische, grüne, im Wachstum befindliche Pflanzensubstanz ist sehr eiweiß- und zuckerreich und wird, wenn der Boden warm ist, sehr zügig im Boden mineralisiert, sodass die nachfolgende Kultur den gebildeten Nitratstickstoff gut aufnehmen kann. Sehr gut sind hier Winterwicke und Inkarnatklee geeignet.

In Gegenden, in denen es im Winter nicht kälter als −5 °C wird, kann Serradella auch überwinternd angebaut werden. Der Anbau von Serradella mobilisiert neben Stickstoff auch die organischen P-Reserven. Der Anbau von Buchweizen mobilisiert ebenfalls die organischen P-Reserven.

Winterrübsen regen den Schwefelumsatz im Boden an.

Die Bodenbearbeitung

Grundsätzlich ist eine behutsame Bodenbearbeitung einzusetzen.

Die Bodenbearbeitung soll frei von irgendwelchen Ideologien gestaltet werden, z.B. pflügen oder pfluglos arbeiten. Der Boden selbst kann uns, bei richtigem Hinschauen, die notwendigen Maßnahmen zeigen. Bodensonde und Spatendiagnose können hilfreich sein.

Bodenbearbeitung möglichst nur bei ausreichender Bodenwärme durchführen. Ab einer durchschnittlichen Bodentemperatur von 6 °C setzt die Aktivität des Bodenlebens ein.

Keine Bearbeitung bei Nässe.

Unnötiges Befahren der Böden vermeiden.

Boden möglichst mit Pflanzen bedeckt halten.

Gründüngung behutsam einarbeiten.

Untersaaten gegenüber der Direktsaat bevorzugen.

Ausreichend Zeiträume zur mechanischen Unkrautbekämpfung einplanen.

Die Düngung

Aussage von Steiner im Landwirtschaftlichen Kurs: «Im Grunde genommen müsste eigentlich dasjenige, was in die Landwirtschaft hereingebracht wird an Düngemittel und ähnlichem von auswärts, das müsste in einer ideal gestalteten Landwirtschaft angesehen werden schon als ein Heilmittel für eine erkrankte Landwirtschaft.»[13]

Für die Ausbringung des Dungs möglichst die Monate April/Mai und August/September wählen. In dieser Zeit ist das Bodenleben am aktivsten, und eine zügige Verbauung im Boden ist möglich.

Dung gerne auch mal in die bestehenden Bestände ausbringen (Flächenkompostierung).

Lieber häufiger in der Fruchtfolge kleinere Mengen (150 dt/ha) Rottemist ausbringen, als alle 3 bis 4 Jahre eine große Menge zu düngen. Dadurch ist eine bessere Nährstoffeffizienz gegeben, und die Kompostpräparate kommen mit ihrer Wirkung häufiger auf die Flächen.

Auch das Dauergrünland regelmäßig mit gutem Rottemist oder Kompost versorgen, sodass hier auch gute Erträge erzielt werden können.

Den pH-Wert beachten, wenn notwendig, regelmäßig kleinere Gaben von kohlensaurem Kalk mit MgO (Dolomit) geben.

Bleibt der pH-Wert ohne Kalkgaben stabil, so ist es sinnvoll, hin und wieder den freien Kalkgehalt des Bodens durch einen Carbon-Test zu ermitteln.

Aussage von Steiner im Landwirtschaftlichen Kurs: «Mineralischer Dünger kommt niemals an das Erdige heran, sondern im äußersten Fall an das Wässrige der Erde.»[14]

Keine Mineralsalze direkt auf den Boden streuen. Es gibt immer wieder Aussagen, dass die Säurereste, Salze und die Ballaststoffe der Mineraldünger das Mikrobiom des Bodens schädigen. Stallmist von Rindern befördert den Aufbau von großen Bodenkrümeln, Mineraldünger den von kleinen Bodenkrümeln. Durch große Bodenkrümel wird der Substanzaufbau im Boden gefördert, durch kleine Krümel der Substanzabbau.

Wenn der Einsatz von Mineraldüngern wirklich notwendig sein sollte, dann wurde er früher bei den biologisch-dynamisch wirtschaftenden Bauern nur über den Kompost oder den Rottemist dem Boden beigebracht (z.B. in Dänemark auf leichten Sandböden Kali und Phosphor). Das geht auf eine Aussage von Steiner zurück, in der er sagt: Wenn man genötigt ist, mineralischen Dünger zu verwenden, so gebe man ihn immer mit Jauche oder Mist vermischt. Leider gibt es zu der Frage, ob der Mineraldünger, über den Kompost gegeben, seine schädigende Wirkung auf das Bodenleben verliert, keine Untersuchungen. Der gesamte landwirtschaftliche Organismus und auch das Bodenleben stellen ein sehr feines Beziehungsgeflecht dar und werden durch empfindsame Kräfte und Wirkungen in ihren Verhältnissen aufrechterhalten. Es ist durchaus möglich, dass der Boden in seiner Entwicklung durch den Einsatz von Mineraldünger einen Schritt zurück macht. Es gilt eigentlich immer, die Bodenfruchtbarkeit durch alle möglichen betrieblichen Maßnahmen zu steigern und so den Einsatz von Mineraldünger zu umgehen.

Auf leichten Böden kann man im Stall Bentonit oder Ton (Montmorillonit) in den Mist geben. Das fördert die Rotte und bindet die Nährstoffe.

Außerdem kann man auf leichten Böden mit Basaltmehl den Phosphor- und Spurenelemente-Umsatz im Boden anregen. Das Basaltmehl kann man auch über den Mist einsetzen.

Die Nährstoffe

Phosphor liegt in Ackerböden in Mitteleuropa zu 40 bis 60 % in organisch gebundener Form vor. Je aktiver das Bodenleben, desto besser die Erschließung.

Die Kaligehalte der Böden sind meistens ausreichend. So können bei einem aktiven Bodenleben auf Sand- und Lehmböden aus dem Boden zwischen 70 und 100 kg/ha und Jahr mineralisiert und nachgeliefert werden.

Auch der Schwefel ist überwiegend in der organischen Substanz gebunden (C-S- haltige Aminosäuren). Heute werden ca. 10 kg S/ha pro Jahr als Ertrag aus der Luft dem Boden zugeführt. 1 GVE liefert ebenfalls 5–10 kg/S pro Jahr.

Durch die Fähigkeit der Wiederkäuer, mithilfe der Pansenbakterien aus Kohlendioxid und Harnstoff neue, hochwertige Eiweiße zu bilden, fließen regelmäßig hochwertige Eiweiße, die vorher nicht in der Nahrung der Tiere enthalten waren, in die Verdauung ein, die dann später auch zum Teil mit dem Mist dem Boden zugutekommen.

Die Viehhaltung

Der Viehbestand eines Hofes sollte zwischen 0,5 und 1 GVE/ha liegen. Bei einem Viehbesatz von 1 GVE/ha ist es einfacher, eine Verlebendigung des Bodens zu erreichen.

Rinder sollten die dominierende Tierart im Viehbestand eines Hofes sein, denn die milden Kalkhumate, die sie mit ihrem Mist abgeben, sind in der Bodenentwicklung von großer Bedeutung. Sie fördern direkt den Humusaufbau.

Die Tierhaltung soll an die zur Verfügung stehende Fläche gebunden sein. Dadurch wird der Zukauf von Fremdstoffen in Form von Futter begrenzt.

75 bis 90 % des NPK aus dem Futter, welches von den Tieren gefressen wird, geht zurück in den Betriebskreislauf.

Rindermist in Kombination mit den Präparaten steigert die Aktivität der Enzyme im Boden, z.B. die Phosphatase im Boden; dadurch kann es zu höheren Gehalten an Phosphor im Boden kommen.

Die Präparate

Wird der Stoffkreislauf eines Hofes geschlossen, so wirken die Präparate nach meinem Empfinden wie ein Beschleuniger auf die Stoffumsätze des Kreislaufes und stärken dabei seine Konstitution.

Das Hornmistpräparat überträgt auf den Boden eine Kraft, die das Wurzelwachstum der Pflanze stark anregt. Die Ausbildung der Wurzel nimmt zu, sodass das Bodenleben von den Pflanzen noch stärker aktiviert wird.

Das Hornkieselpräparat regt die Stoffwechseltätigkeit der Pflanze an, sodass mehr Assimilate und Zucker gebildet werden können, die dann z.T. auch die Ausscheidungen der Assimilate über die Wurzel in den Boden verstärken. Außerdem kräftigt das Präparat die Pflanze und fördert die Gesundheit und die Qualität der Produkte.

Die Kompostpräparate wirken über Mist/Kompost/Jauche oder Gülle auf die Stoffwechselvorgänge, die sich zwischen dem Dünger, dem Boden und den Pflanzen abspielen. Sie wirken belebend und ordnend auf die Verhältnisse der Stoffe ein und führen zu einem belebteren Umsatz der Stoffe.

Folgen der Schließung der Stoffkreisläufe

Der weitgehend geschlossene Betriebskreislauf, mit der Integration von Raufutterfressern und dem Einsatz der Präparate, hat vielfältige Folgen für den Boden, das Wachstum der Pflanzen und die individuellen Stoffumsätze des Hofes. Es kann hier nicht über alle Folgen des geschlossenen Betriebskreislaufes in Verbindung mit dem Einsatz der Präparate berichtet werden. Die größte Wirkung dieses Systems ist meines Erachtens vor allem im Bereich des Bodenstoffwechsels zu bemerken. Das ist auch inzwischen teilweise belegt (DOK-Versuch), so z.B. bei der Bodenstruktur, der Anzahl der Regenwürmer, der Höhe der Biomasse, der Laufkäferaktivität, der mikrobiellen Biomasse, der geringeren Verschlämmung der Böden, der Mykorrhizierung, der Beikräuter usw.[15]

Beobachtungen bei der Umstellung des Ackers auf den biologisch-dynamischen Landbau

Im Folgenden werden die Erfahrungen des Verfassers dargestellt, die er bei der Umstellung seines Hofes vom konventionellen Anbau auf die biologisch-dynamische Wirtschaftsweise machen konnte. Bei den Böden handelt es sich um sandige Lehme, lehmige Sande und humose Sande, die z.T. zur Podsolbildung neigen. Die Böden sind in den Bodenarten stark wechselnd. Ihre Bonität liegt zwischen 28 und 50 BP. Der durchschnittliche Jahresniederschlag liegt bei ca. 800 mm. Der Hof liegt in einem Endmoränengebiet, und die Landschaft ist hügelig und bewegt.

Zwei Jahre nach der Umstellung zeigte sich, dass die Böden leichter zu bearbeiten waren. Es wurde weniger Zugkraft benötigt, die Böden wurden geschmeidiger und fielen besser auseinander. Im weiteren Verlauf fiel der Boden auch auf den Lehmkuppen immer besser auseinander. So war es nach einigen Jahren auf allen Flächen möglich, eine Frühjahrsfurche zu pflügen, ohne dass es später notwendig war, mit hohem mechanischem Aufwand die Bodenklumpen zu zerkleinern. In dieser Zeit war auch eine deutliche Zunahme der Regenwurmtätigkeit zu bemerken. Einhergehend damit zeigte sich auch, dass die Wasseraufnahme der Böden besser wurde. Es kam auch nach stärkeren Niederschlägen nicht mehr zu Erosionen, und die Böden verschlämmten immer weniger.

Im ersten Jahr gab es auf einen Schlag eine sehr schlechte Wintergerste, die von Kornblumen durchsetzt war. Ein Umbruch war nötig. Die Bodenuntersuchung zeigte, dass Phosphor und Kali nur in der Versorgungsstufe A (sehr niedrig) vorhanden waren und dass der pH-Wert auf dem sandigen Boden nur bei 5 lag. Es wurden ca. 2 t $CaCo_3$ mit 5 % MgO direkt auf die Fläche gestreut. Dann wurde die Gerste im April mit dem Schälpflug umgebrochen und einmal mit dem Federzinkengrubber gegrubbert. Nach ca. 3 Wochen wurden ca. 150 dt/ha präparierter Rottemist ausgebracht, eingeschält und wieder gegrubbert. Anschließend wurde nach einiger Zeit Serradella als Zwischenfrucht ausgesät. Es entwickelte sich ein sehr guter Bestand. Dieser wurde im späten Sommer umgebrochen, und es folgte Roggen, der sich dann auch sehr gut entwickelte. In den folgenden Jahren zeigte der Schlag in seinen Pflanzenbeständen dann keine weiteren Auffälligkeiten mehr, und er erbrachte sehr gute Ernten, auch im Gemüsebau. Die Werte der Bodenuntersuchungen lagen aber weiterhin in der Zustandsstufe A.

Recht bald nach der Umstellung begannen wir die Landschaft unseres Hofes durch gezielte Maßnahmen in ihrer Vielfalt auszubauen. Wir legten Hecken, Feldgehölze und Teiche an. Außerdem nahmen wir zum Teil die Vorfluten auf und legten an ihrer Stelle einen freilaufenden Bach an.

Schädlingsbefall und Pflanzenkrankheiten, die in den ersten Jahren sich immer wieder deutlich zeigten und auch zu Ertragseinbußen führten, gingen im Laufe der Jahre zurück. Heute sind latent alle Krankheiten und Schädlinge da, ohne aber große Schäden zu machen (Ausnahme: Drahtwürmer).

Der Besatz an Laufkäfern und Insekten nahm nach der Umstellung sehr stark zu – dies bestätigte auch eine mehrjährige Studie der Universität Kiel.[16]

Im Laufe der nächsten 5 bis 7 Jahre nach der Umstellung stellte sich eine dauerhafte Ertragssicherheit ein, große Schwankungen zeigten sich nicht mehr. Der Boden war gut durchwurzelt (festgestellt durch Spatendiagnose), und mit der Bodensonde konnte man keine großen Verdichtungen bemerken. Die Wurzeln der Pflanzen zeigten einen guten Erdanhang und die Wurzelhälse waren weiß. Die Verunkrautung nahm ab und der Glanz der Blätter nahm zu.

In dieser Zeit fiel mir auf, dass die Pflanzen und die Tiere des Hofes sich in ihrer Gestalt verändert hatten. So zeigten die Ähren des Weizens sich feiner, und die ganze Pflanze erschien stärker durchgestaltet. Ähnliches konnte ich bei den Rindern und Kühen beobachten. Sie wurden feingliedriger und ihre Gestalt erschien ausgeprägter. So wie die Physiognomie von Menschen mehr oder weniger ausdrucksvoll sein kann, so erschienen die Formen der Pflanzen und Tiere des Hofes ausdrucksvoller.

Obwohl die Versorgungsstufe unserer Böden bei P und K auch heute bei den üblichen Bodenuntersuchungen bei A (sehr niedrig) und B (niedrig) liegt, können wir gute und zum Teil auch sehr gute Ernteergebnisse erzielen. Die Pflanzen zeigen keine Mangelerscheinungen. Wir fahren alle 3 Jahre ca. 2 t/ha Dolomit auf die Flächen, und der pH-Wert liegt bei pH 6 bis 6,2. Ein begrenzender Faktor in der Ertragshöhe ist der Stickstoff. Gelingt es, den Stickstoff über den Winter im A-Horizont der Böden zu halten und durch Umbruch von winterharten Zwischenfrüchten oder Kleegrasumbruch im Frühjahr zu mobilisieren, so sind auch nach 40 Jahren ohne Mineraldüngung gute Ernten zu erzielen. Diese Tatsache zeigt sich auch auf biodynamischen Betrieben, die 60, 70, ja, bis zu 90 Jahre diese Wirtschaftsweise konsequent umsetzen.

Die Untersuchungen der Nährstoffgehalte der Böden sind wichtig, haben aber für den biodynamischen Anbau nicht die Bedeutung wie im konventionellen Bereich. Deshalb sollte man sie (Ausnahme: der pH-Wert) nicht überbewerten und lieber größere Aufmerksamkeit auf das Aussehen der Pflanzen legen. Sie zeigen sehr schnell, wenn ein Mangel herrscht. Nach meiner Auffassung ist es, wenn es um die Nährstoffversorgung der Pflanzen geht, aussagekräftiger, eine Pflanzenanalyse durchführen zu lassen.

Wenn man die Entwicklung im Nachhinein betrachtet, so kann man den Eindruck gewinnen, dass der Hoforganismus eine gewisse Eigendynamik entwickelt hat. Es wirkt so, als wenn durch eine immer größere Komplexität der Zusammenhänge sich eine Art Selbstorganisation des Organismus entwickelt hat. Je länger ich diese Entwicklung begleitet habe, umso mehr wurde mir als Betriebsleiter klar, dass nicht Kontrolle und Beherrschung der Verhältnisse der Schlüssel zum Erfolg sind, sondern ständige Aufmerksamkeit, Kooperationsbereitschaft, Dialog und, wenn notwendig, zügiges Handeln.

Dritte Übung

Stelle dir vor, wie in einen landwirtschaftlichen Betrieb (Organismus) dauerhaft Mineraldünger, Kraftfutter und Pestizide eingeführt werden und wie diese Einfuhr zu einer Überversorgung des ganzen Systems führt. Er ist so stark überernährt, dass die eingeführten Stoffe nicht verarbeitet werden können, sodass von ihm eine schädliche und krankmachende Wirkung auf seine eigenen Funktionen und auf seine Umgebung ausgeht.

Im nächsten Schritt schließe den Organismus in Gedanken so weit wie möglich, und stelle dir vor, wie er sich unter dieser «Diät» selbst strafft und wie langsam gesundende, selbstheilende Einflüsse sich durchsetzen. Bedenke, wie von der Mitte des Organismus, von dem Zwerchfell (Boden), als einem Organ der Sonne und der mit ihr verbundenen Atmung, sich über das neu erwachende Bodenleben auch alles weitere Leben langsam neu entwickelt.

Dieser Organismus zeigt dir aus sich selbst heraus, welche Fruchtfolge für ihn richtig ist und wie viele und welche Tiere für seine Fortentwicklung und seinen Erhalt notwendig sind. So können sich die Stoffkreisläufe dynamisch entwickeln und er gesundet.

Die biologisch dominierten Prozesse in dem Organismus nehmen langsam überhand gegenüber den chemisch dominierten Prozessen. Der Organismus wird selbstständig.

6 Die kosmische Ernährung

Das Thema der kosmischen Ernährung nimmt im Landwirtschaftlichen Kurs einen relativ breiten Raum ein. Das erste Mal wird es im vierten Vortrag bei der Frage der Düngung aufgeworfen, dann im achten Vortrag bei der Fütterung. In der im Anschluss an den Kurs gegebenen Ansprache an die Jugend greift Steiner das Thema noch einmal auf, und bei seinem Bericht über den landwirtschaftlichen Kurs, den er nach seiner Rückkehr nach Dornach für die Mitglieder gegeben hat, wird über die kosmische Ernährung gesprochen. Im Jahr vor dem Kurs, 1923, hat Steiner dieses Thema in Penmaenmawr in den Vorträgen zur «Initiationserkenntnis»[17] das erste Mal dargelegt. Auch in den Vorträgen, die in dem Zyklus «Der Mensch als Zusammenklang»[18] erschienen sind, wird die Frage der kosmischen Ernährung berührt. Die Aussagen zur kosmischen Ernährung erscheinen in den verschiedenen Vorträgen in einer breiten Vielfalt, und es ist sehr schwer, sich wirklich ein genaues Bild über diese Vorgänge zu machen, zumal die Gedanken so ungewöhnlich sind, dass sie unser durch die Naturwissenschaften geprägtes Denken leicht überfordern. So sind die folgenden Gedankengänge eher als ein Versuch gedacht, sich den Fragen der kosmischen Ernährung aus der Sicht eines Bauern, der den Inhalt des Landwirtschaftlichen Kurses besser verstehen möchte, anzunähern.

Der Kopf und das Nerven-Sinnes-System

Im Landwirtschaftlichen Kurs sagt Steiner, dass beim Menschen und beim Tier die Kopforganisation und der Nerven-Sinnes-Bereich aus irdischer Stofflichkeit gebildet werden. Schon im Embryonalzustand wird irdische Materie in die Kopforganisation hineingeleitet. Im Kopf haben wir also wirklich Irdisch-Stoffliches. Das, was man an Substanzen braucht im Kopf, muss man durch die Nahrung beziehen. Beim Menschen und beim Tier ist das Gehirn irdische Stofflichkeit.

Die Stoffwechsel-Gliedmaßen-Organisation

Dagegen alles was wir an Stofflichkeit im Stoffwechsel-Gliedmaßen-System haben, z.B. die Därme, Muskeln, Knochen, das stammt aus der Luft, aus der Wärme über der Erde, das ist kosmische Stofflichkeit. Man soll die Klaue des Tieres nicht so ansehen, als ob sie sich bildet dadurch, dass die physische Materie, die das Tier frisst, bis in die Klaue käme und sich dort ablagert. Das ist aus geisteswissenschaftlicher Sicht nicht wahr, sondern durch die Sinnesorgane, die Haut und die Atmung wird die Substanz aufgenommen, die sich im Körper ablagert und sich später alle sieben bis acht Jahre als Körpersubstanz erneuert. Das, was der Körper ablagern muss, das nimmt er fortwährend in äußerst feiner Dosierung auf und verdichtet es.

Was das Tier frisst, dient nur den Bewegungskräften im Tier, dass das Kosmische in das Stoffwechsel-Gliedmaßen-System, also zur Klaue hingetrieben werden kann.

In der Stoffwechsel-Gliedmaßen-Organisation haben wir es mit den irdischen Kräften zu tun. Man schaltet sich fortwährend in die Erdenschwere ein, und alles was man mit den Gliedmaßen tut, ist an das Irdische gebunden, hat mit dem Irdischen zu tun.

Im Kopf und in der Nerven-Sinnes-Organisation haben wir also irdische Stofflichkeit und kosmische Kräfte. Im Stoffwechsel-Gliedmaßen-System finden wir hingegen kosmische Stofflichkeit und irdische Kräfte.

Die Ernährung des Menschen

Im menschlichen Stoffwechsel finden immer Ab- und Aufbauprozesse statt, die sich in Kreisprozessen selbst im Gleichgewicht halten. So werden z.B. die Aminosäuren im Körper nach dem Abbau aus dem Eiweiß immer wieder als Bausteine für die Proteinsynthese resynthetisiert. Bei anderen Stoffen, wie z.B. beim Eisen, weiß man, dass der bei der Geburt vorhandene Vorrat im Körper nach Johannes W. Rohen[19] normalerweise bei vielen Menschen fast ein ganzes Leben lang ausreicht, und die Gallensalze rezirkulieren 10- bis 12-mal im Körper. Die Lebensprozesse im Körper bestehen in einem ständigen Auf- und Abbau von Substanzen in einem Stoffkreislauf, der insgesamt einen von der Umwelt unabhängigen Kreislauf darstellt. Solche Kreisläufe könnten im Prinzip ganz aus sich selbst heraus funktionieren, wenn nicht bei der Restsynthese der Stoffe immer ein kleiner Prozentsatz der Stoffe als unbrauchbar aus dem Kreisgeschehen herausfallen würde. Die genauen Gründe für dieses Herausfallen sind nicht bekannt. Nur diese herausgefallenen Substanzen werden dann ausgeschieden und müssen durch die Nahrung ersetzt werden. Es ist also beim erwachsenen Menschen nur ein geringer Anteil an Stoffen nötig, um die Körpersubstanz zu erhalten. Es ist bekannt, dass der menschliche Organismus ein sich ständig veränderndes Gebilde ist, das sich in seiner Substanz alle sieben bis acht Jahre komplett erneuert.

Der Energieumsatz des Körpers vollzieht sich nicht in Form von Kreisprozessen, die ab- und aufgebaut werden. Wäre es so, so hätten wir nur Gleichgewichte, aber keine Veränderung. Die Energie im Körper wird gebunden und freigesetzt, es wird Arbeit geleistet oder stofflich etwas bewegt. So wird fast alle Energie, die wir in Form von Kohlehydraten aufnehmen, verbraucht. Das, was die Energie im Körper einsetzt, ist letztlich der Wille, durch den auch Neues entstehen kann. Einen Teil der Energie gibt der Körper auch als Wärme ab.

Vierte Übung

Was können diese Aussagen für den Gedanken der Düngung im biodynamischen Landbau bedeuten? Denke den fruchtbaren Boden als ein zusätzliches Stoffwechselorgan der Pflanze. Er vollbringt ähnliche Aufgaben wie das Verdauungssystem des Menschen. (In beiden Systemen hat das Mikrobiom eine grundlegende Aufgabe.) Er zerlegt die organische Substanz. Er mineralisiert sie, baut sie um, verflüssigt sie, sodass sie von der Pflanze aufgenommen werden kann. Die Pflanze gibt wiederum ihre Exsudate über die Wurzeln in den Boden und unterstützt das Bodenleben dadurch in seiner Tätigkeit.

Dieser Vorgang ähnelt der Abgabe von Enzymen, Hormonen und Säuren des Menschen in sein Verdauungssystem. So können sich Boden und Pflanze zu einem Kreislaufsystem mit Ab- und Aufbauprozessen entwickeln, welches sich durch die Ernterückstände, den Dung der Tiere und mithilfe der Luftgase weitgehend aus sich selbst heraus erhält.

Der Energieumsatz beim Menschen verläuft nicht in Kreisprozessen, sonst gäbe es nur Gleichgewichte und keine Veränderungen. Es werden Kohlehydrate verbraucht. Dadurch haben wir Menschen die Möglichkeit, Neues durch unseren Willen entstehen zu lassen. Für den Energieumsatz ist neben den aufgenommenen Nahrungsstoffen die Zufuhr von Sauerstoff sehr wichtig. Das bildet die Grundlage für die Regsamkeit.

Im Boden bringt der Stickstoff die Regsamkeit. Er bringt den trägen Kohlenstoff in Bewegung. Der Stickstoff verbindet sich mit dem Sauerstoff (NO_3) im Boden und übt so die größte Wirksamkeit auf das Wachstum der Pflanzen aus. Nach Steiner ist der Boden auf eine Art Stickstoffeinatmung angewiesen, wie der Mensch auf die Sauerstoffeinatmung angewiesen ist. Der Stickstoff bringt den Boden in Bewegung. Es kann Neues entstehen.

Bedenke unter diesem Gesichtspunkt folgende Aussagen im Kurs:

Es ist nicht wahr, dass das Leben mit der Kontur der Pflanze, mit dem Umkreis der Pflanze aufhört.

Was ist das Wesen einer gedüngten Erde oder einer in ähnlicher Weise bearbeiteten Erde?

Das Düngen muss in einer Verlebendigung der Erde bestehen.

Die Verarbeitung der Sinneseindrücke

Rudolf Steiner sagt, dass die Substanz, die sich später im Stoffwechsel-Gliedmaßen-System ablagert, durch die Wärme, die Luft, die Sinnesorgane, die Haut und die Atmung aufgenommen und als kosmische Substanz im Stoffwechsel-Gliedmaßen-Bereich abgelagert wird. Die klassischen Erkenntnissinne, den Sehsinn, den Hörsinn und den Geruchssinn, finden wir im Kopf. Aber auch die Gefühlssinne, wie der Geschmackssinn, der Wärmesinn und der Tastsinn, kommen uns mithilfe des Kopfes zum Bewusstsein. Im Grunde finden wir bei allen Sinnen dieselbe Grundstruktur wieder. Jeder Sinn vermittelt uns seinen für ihn charakteristischen Ausschnitt der Welt und führt ihn den Nervenbahnen bzw. Hirnabschnitten zu. Dabei wird er nach Johannes W. Rohen (Morphologie des menschlichen Organismus) in seine Einzelelemente aufgelöst und auf getrenntem Wege dem Gehirn zugeführt.[20] Das Gesamtbild, das in unserem Bewusstsein auftritt und welches wir innerlich erleben, taucht aber innerhalb des Nervensystems auf keiner Ebene auf. So kann man daraus schließen, dass das Nervensystem zwar die Fähigkeit zur Analyse hat, nicht aber die Synthese der Sinneseindrücke vollbringt. Es ist heute noch nicht klar, wie es zu dem von uns erlebten Gesamtbild der Sinneserscheinung kommt. Es ist auch fraglich, ob man zu einer vernünftigen Erklärung darüber kommen kann, solange man nur die nervösen Vorgänge betrachtet.

Der dreigliedrige Mensch besitzt natürlich neben dem Kopf noch weitere Systeme, die am Wahrnehmungsgeschehen beteiligt sind. Da ist das Rhythmische System, das die Atmung und die Zirkulation des Blutes bewirkt und welches die Grundlage für den Bereich der Empfindung darstellt. Weiter ist da das Stoffwechselsystem, welches die Basis für die Willenstätigkeit bietet. Diese Kräfte sind in der Lage, die durch das Nerven-Sinnes-System aufgesplitterten Sinneseindrücke als Einheit wieder aufzubauen und sie dadurch in ihrer Ganzheit in uns wieder erlebbar zu machen. So enthält das zum Bewusstsein kommende Wahrnehmungsbild nicht nur die Vorstellungen, die durch das Denken hervorgebracht werden, sondern ebenso die Gefühls- und Willenskomponenten, die den wahrgenommenen Qualitäten entsprechen. Durch dieses Zusammenwirken aller drei Seelenkräfte kommen wir in die Wirklichkeit des Erlebten hinein. Diese Synthese der zuvor zerlegten Wahrnehmungen ist durch die drei Seelentätigkeiten des Denkens, Fühlens und Wollens und das aktive Mittun des Ichs zustande gekommen.

Das Gehirn spiegelt die Tätigkeit der höheren Wesensglieder des Menschen, und dadurch werden uns die Gedanken bewusst. Wir schaffen also mit unserem innersten Wesen an der Entstehung unseres Bewusstseins mit. Die Art der Bewusstwerdung unserer Gedankeninhalte ist sehr individuell, aber nicht nur subjektiv, sondern wir haben als Menschen auch die Möglichkeit, den Inhalt der Welt objektiv aufzubauen und zu erleben. Wir nehmen mit unserem Kopf und den darin verankerten Sinnestätigkeiten die geistigen Gesetzmäßigkeiten, in denen sich die kosmischen Kräfte (Kosmos = Schönheit, Glanz, Weltenordnung) der Welt ausdrücken, auf, die von unserem Nerven-Sinnes-System unbewusst in seine Einzelelemente aufgelöst und anschließend mithilfe der Seelentätigkeit des Fühlens, Wollens und Denkens unter der aktivem Mitwirkung unseres Ichs neu erschaffen werden. Das heißt, unsere Seele ist dauerhaft erfüllt von dem Geistgehalt der Welt. Dieser Geistgehalt der Welt umfasst auch die geistigen «Baupläne» der Erscheinungen, die Idee einer Substanz, z.B. des Eiweißes. Dabei entwickelt die Seele in ihrer Tätigkeit die Kraft der Synthese für unser erlebtes Gesamtbild. Dieser Prozess des Auflösens der Sinneseindrücke im Nerven-Sinnes-System hat den Charakter einer Exkarnation und die Neuschöpfung in unserer Seele den Charakter einer Inkarnation.

Die Aufgabe des Ätherleibes beim Denken

Dass dieser Prozess der Zersplitterung und der Synthese unserer Sinneseindrücke und die Bewusstwerdung unserer Gedankeninhalte durch die Seelentätigkeit des Denkens, Fühlens und Wollens möglich sind, verdanken wir Menschen unserem Ätherleib. Er ist wie ein Tropfen aus dem Weltenäther abgesondert. Der Weltenäther trägt alle kosmischen Gesetzmäßigkeiten in sich, und so wird unser Ätherleib als ein Zusammenfluss der allumfassenden Gesetzmäßigkeit des Makrokosmos erlebt. Er nimmt die Weltgedanken, die ständig in uns hineinfließen, in sich auf, und mithilfe unserer Seelentätigkeit feiern diese Weltgedanken in uns eine Art Auferstehung. Seinem Wesen nach ist der Ätherleib «nichts anderes als ein zusammengedrängtes, die Weltengesetzlichkeit in sich spiegelndes Bild der kosmischen Gesetzmäßigkeit»[21]. Dass wir Menschen denken können und so den Geistgehalt der Welt, der dauerhaft über die Sinne in uns hineinströmt, erfassen und verstehen, uns zu Bewusstsein bringen können, kommt durch das Zusammenwirken unseres Ätherleibes mit dem Ich. Das ist bei den Tieren, die ihr Ich nicht auf der Erde tragen, nicht der Fall.

Wir bearbeiten und verdauen den Geistgehalt der Welt, der wie ein kosmischer Ernährungsstrom dauerhaft in uns einfließt. Mit dieser Denktätigkeit ist eine Seite des Ätherleibes erfasst; auf die andere Seite, die unseren physischen Leib aufbaut, werden wir gleich noch zurückkommen.

Die Verdauung

Unser Verdauungssystem vom Mund über Magen und Darm bis hin zum Dickdarm durchzieht den Menschen wie ein einziges langes Rohr (4–5 m), welches von vorne bis hinten durchgängig ist. Es ist eigentlich wie ein Stück Außenwelt, welches in den Menschen hineinragt und ihn durchzieht. Die Grenze von der Außenwelt zur Innenwelt des Menschen stellt in diesem Bild die Darmwand dar. Die Nahrung wird im Mund aufgenommen, zerkleinert und eingespeichelt. Außerdem erfolgt durch das Tasten, das Zerkleinern und das Schmecken der Nahrung eine erste Eingangskontrolle durch Sinnesempfindungen. So kann man diesen oberen Bereich der Verdauung inklusive Schlund und Speiseröhre eher dem oberen Bereich der Information zuordnen. Im Magen beginnt die eigentliche Verdauung mithilfe der Salzsäure. Neben der Denaturierung der Roheiweiße hilft die Salzsäure des Magensaftes auch, die im Nahrungsbrei enthaltenen Bakterien, Keime und schädlichen Stoffe zu zerstören.

Im Dünndarm vollzieht sich dann der eigentliche Abbauprozess der Nahrung in ihre Grundbestandteile. Erst nach vollständiger Zerstörung beginnt die Resorption durch die Darmwand. Dieser Vorgang wird durch die Vergrößerung der Darmwand durch Falten und Zotten erleichtert. Außerdem werden erhebliche Flüssigkeitsmengen in den Darm abgesondert, um das Resorbieren des Nahrungsbreies zu erleichtern.

Die Darmwand ist die eigentliche Grenze zwischen Innen- und Außenwelt. Das Eindringen von fremden Elementen in die Innenwelt wird mit großem Aufwand durch verschiedene Sicherungen verhindert. In der Darmwand werden Fremdstoffe durch komplizierte Immunreaktionen abgewehrt. Bei jedem Übergang vom einen zum anderen Darmabschnitt tritt vermehrt lymphatisches Gewebe auf, sodass jeder Abschnitt besonders immunologisch gesichert ist. Am Ende des Dünndarms, vor dem Übergang zum Dickdarm, liegen Lymphknoten, die eine Art Immunbarriere bilden und dadurch die Abwehrkräfte der Darmschleimhaut unterstützen.

Im Dickdarm wird der Darminhalt eingedickt, denn hier werden Wasser und auch andere wichtige Stoffe in den Körper zurückresorbiert. Es sind 80–90 % des Wassers und 95 % der Salze. Diese Rückgewinnung von Stoffen aus dem Dickdarm in den Körper erfolgt mithilfe von Fremdorganismen. Es handelt sich um Bakterien, die später mit dem Stuhl zum Teil ausgeschieden werden. 30–50 % der Trockenmasse des ausgeschiedenen Stuhls sind Bakterien. Im Dickdarm kann der Nahrungsbrei bis zu 12 Stunden und länger verweilen. Diese lange Verweildauer ermöglicht praktisch ein «inneres Anschauen» des Nahrungsbreies, welcher aus dem Dünndarm in den Dickdarm eintritt. Die vielfältigen verschiedenen Bakterienarten, die sich im Dickdarm angesiedelt haben arbeiten die Nahrungsreste aus dem Dünndarm auf. Es werden so Gallenfarbstoffe, Vitamine, z.B. Vitamin K und Vitamin B 12, zurück in den Körper geführt. Viele Bakterien produzieren auch kurzkettige Fettsäuren, durch die sie ihren eigenen Energiebedarf decken können.

Es ist an dem beschriebenen Verdauungsvorgang gut zu erkennen, wie sich die Innenwelt durch verschiedene Maßnahmen vor dem Eintreten neuer Stoffe aus der Außenwelt schützt. So findet man vom Magen (Salzsäure) bis zum Ausgang des Dünndarms Immunbarrieren, die die Abwehrkräfte unterstützen. Etwa 50 % des gesamten Lymphgewebes befindet sich im Darmbereich.

Die Bildekräfte in der Nahrung

Man kann nach dem oben Dargelegten sagen, dass sowohl das Stoffwechselsystem als auch das Nerven-Sinnes-System in einer dauerhaften Wechselwirkung mit der Umwelt stehen. So wirkt der menschliche Organismus zunächst nicht in sich geschlossen. Deutlich wird aber auch, dass die Umwelt niemals direkt in den menschlichen Organismus eingreifen, sondern nur Prozesse anregen kann, die bereits in ihm veranlagt sind.

Im Verdauungssystem wird die aufgenommene Nahrung zerkleinert, und es werden die Eiweiße in Aminosäuren, die Fette in Glycerin und Fettsäuren und die Kohlehydrate in Einfachzucker wie z.B. Glukose zerlegt. Außerdem werden die in den Nahrungsstoffen vorhandenen Keime und Bakterien zerstört und durch körpereigene Immunreaktionen abgewehrt, sodass aus den verschiedenen vielfältigen Lebensmitteln im Darm eigenschaftslose Bausteine entstehen. (Eigenschaftslos insofern, als die Nahrungsmittel in der Verdauung die ihnen eigenen Qualitäten verlieren; siehe nächster Absatz.) Weiter werden in diesem Prozess die Lebensmittel verflüssigt und aufgelöst, also aus der Raumeswelt befreit.

In diesem Prozess des Abbaus gehen die Qualitäten der Nahrungsstoffe verloren. Sie verlieren ihre eigenen Wesenseigenschaften und ihre Lebendigkeit. Es wird bei dem Prozess der Auflösung der Lebensmittel die Lebenskraft, die Vitalität, das Ätherische frei. Auch die Formen der Lebensmittel, in denen sich bei den Pflanzen das Astrale in der Auseinandersetzung mit der Luft formen konnte, werden aufgelöst. Weiter werden die geistigen Inhalte (Baupläne, das Kosmische) der Nahrungssubstanz aus ihrer Stofflichkeit gelöst. All diese Kräfte können später zum Aufbau der eigenen Körpersubstanz verwendet werden. Durch den Abbau der Qualitäten und den Widerstand des Fremdartigen der zu verdauenden Stoffe kann der Mensch die stoffliche Seite der Welt in sich erleben und die geistigen Baupläne der Nahrung aufnehmen. Der Stoffabbau wird zu einer inneren Erfahrung, die ihm später hilft, aus der fremden Substanz eine eigene Substanz aufzubauen. Er kann erleben, welche Kräftebereiche das eigene Wesen später für den Aufbau der eigenen Substanz benötigen wird. Um diese Botschaften, die unbewusst verlaufen, an das Gehirn vermitteln zu können, ist der gesamte Verdauungstrakt in seiner ganzen Länge von einem Netz von Nervenzellen umgeben. Das ist das enterische Nervensystem. Es ist quasi der Wächter unserer Darmpassage und sendet seine Botschaften über den Vagusnerv zum Gehirn.

Die aufgenommenen Stoffe müssen vom Menschen über die drei Stufen des Mineral-, des Pflanzen- und des Tierreiches erhoben werden, bis sie letztlich im Menschen wieder zu menschlicher Substanz aufgebaut werden können: die pflanzlichen Substanzen über zwei Stufen und tierische Substanzen nur über eine Stufe. Pflanzliches und Mineralisches spornen die inneren Lebenskräfte durch die größere Anstrengung, die bei der Verdauung notwendig ist, besonders an.

Die Leber

Wenn nun die in eigenschaftslose Bausteine verwandelten Nahrungsmittel die Darmwand passieren, so gehen sie nicht sogleich in den Blutkreislauf und in den Körper über, sondern sie kommen über die Pfortader in die Leber. Das Blut in der Pfortader ist noch nicht das eigentliche Blut, welches dazu geeignet ist, als Träger der geistigen Prozesse bei dem individuellen Stoffaufbau im Körper mitzuwirken. Es ist noch verunreinigt mit den von außen eingedrungenen Fremdstoffen (Gifte und Ähnliches). Diese Fremdstoffe werden durch die Leber aus dem Blut herausgereinigt und mit der Galle in den Darm ausgeschieden. Die Leber hat also vor der Bildung der eigentlich für den Körperaufbau geeigneten Stoffe noch eine Art Wächterfunktion. Erst danach ist das Blut geeignet, als individuelle Lebensflüssigkeit am Aufbau der Körpersubstanz mitzuwirken.

In der Leber werden nun die eigenschaftslosen Baustoffe resynthetisiert, das heißt mit den eigenen individuellen Kräften zu unseren körpereigenen Substanzen aufgebaut. Es entstehen Eiweiße, Kohlehydrate und Fette. Diese Stoffe sind dann für den seelisch-geistigen Prozess der Bildung der eigenen Körpersubstanz geeignet. Das heißt, dass die Leber die Stoffe so bearbeitet, ja vorbereitet, dass unser geistig-seelisches Wesen sie ergreifen und zur Inkarnation im Körper führen kann.

Der Ätherleib und der Aufbau des Leibes

Rudolf Steiner weist darauf hin, dass der Ätherleib einen ganz bedeutenden Anteil an der Organisation und Struktur der Leber hat.[22] Er nennt im Zusammenhang mit der Ernährung besonders den Wärmeäther und sagt, «dass zum Beispiel etwas, was feste Formen hat, was sich schon im Munde in Wässriges verwandelt, dann weiter verwandelt wird bis zum Wärmeäther hin, dass das allmählich im Menschen, in dem es zunächst in wässrige Form übergeht, an Schwere verliert, dass es erdenfremder wird; und bis es hinaufkommt in die wärmeätherische Form, ist es völlig bereit, das Geistige, das von oben kommt, [über den Nerven-Sinnespol; Anm. des Verfassers] aus den Weltenweiten kommt, in sich aufzunehmen. Diese Kräfte des Weltenalls bilden sich nun als die Geistkräfte, die hier die wärmeätherisierte Erdenmaterie durchgeistigen. Von da aus dringt dann mit Hilfe der wärmeätherisierten Erdensubstanz dasjenige erst in den Körper, was der Körper nun braucht zu seiner Gestaltung.»[23]

In der Leber werden die Stoffe, die der Körper zu seinem Substanzaufbau benötigt und die zunächst eigenschaftslos waren, durch den Ätherleib verlebendigt, und durch das Einwirken der seelisch-geistigen Kräfte unserer Individualität erhalten sie die richtige Prägung, die der Körper braucht für seine Gestaltung. Das Ich des Menschen, sein geistiger Wesenskern, lebt in der Wärme des Blutes und kann dadurch unmittelbar bis in den physischen Organismus eingreifen.[24]

Die zweite Seite des Ätherleibes

Oben wurde bereits dargestellt, dass das Denken und die damit verbundenen Prozesse nur die eine Seite des Ätherleibes bilden, gleichsam die Rückseite. Die andere Seite ist die, welche den physischen Leib aufbaut. Indem der Mensch wachend als sinnliches Erdenwesen denkt, richtet sich sein Äther- oder Bildekräfteleib nach außen. Aber damit haben wir im Grunde nur die eine Seite des Äther- oder Bildekräfteleibes ins Auge gefasst.

«Dann kommen wir auf etwas ganz merkwürdiges. Dann repräsentiert sich uns das Denken nicht so, wie es sich ausnimmt, wenn wir es als Bilder der sinnlichen Außenwelt im Bewusstsein tragen. Dann verwandelt sich, von dieser anderen Seite angesehen, unser Denken, das ja die Kräfte des Äther- oder Bildekräfteleibes ausmacht, in Kräfte, die unseren physischen Organismus aufbauen, in unseren physischen Organismus schaffende Kräfte.»[25]

Wir nehmen also über unsere Erkenntnissinne (Sehsinn, Hörsinn, Geruchssinn) und über die Gefühlssinne (Geschmackssinn, Wärmesinn, Tastsinn) in Formen, Farben, Gerüchen, Lauten, Geschmack, Wärme- und Tasterlebnissen und über das Denken die kosmische Gesetzmäßigkeit der Welt in uns auf. Diese Eindrücke werden auf dem Weg zum Gehirn in Einzelelemente aufgelöst und mithilfe des Ätherleibes neu gebildet, aber auch in Kräfte verwandelt, die den physischen Leib aufbauen. Mithilfe unserer geistig-seelischen Konstitution werden die so aufgenommenen, durch den Verdauungsprozess eigenschaftslosen Stoffe zu unseren eigenen Stoffen umgebaut und durch den Energiegehalt des Blutes an die entsprechenden Körperstellen transportiert. Die dann wirkende Bildekraft des Ätherleibes baut die kosmischen Formen des Körpers auf. Dafür benötigt sie die irdische Stofflichkeit, die sich aber der Kraft des Geistes (Individualität) unterordnet. Sowohl unsere Sinneseindrücke wie auch die durch Nahrung aufgenommenen Stoffe werden vollkommen zerlegt, durch eine Art Nullpunkt geführt und durch die geistig-physische Konstitution des Menschen wieder aufgebaut. Zum einen bildet sich dadurch unser Bewusstsein, zum anderen wird der räumliche physische Körper gebildet. Dabei wird im Stoffwechsel-Gliedmaßen-System kosmische Stofflichkeit, im Kopf-und-Nerven-Sinnes-Bereich irdische Stofflichkeit gebildet.

Wir tragen eigentlich zwei Verdauungssysteme in uns. Mithilfe des Darms werden die Stoffe der Welt, das Dingliche verdaut, mithilfe des Gehirns werden die Eindrücke, die Bilder, die Ideen und Erlebnisse verdaut. Beide Verdauungssysteme wirken zusammen und bilden den Leib des Menschen.

Warum beschreibt Rudolf Steiner die Fragen der Ernährung rund um das ganze Geschehen des Landwirtschaftlichen Kurses mehrmals so ausführlich? Nach meiner Ansicht will er deutlich darauf hinweisen, dass sich der Bereich der Ernährung und der Substanzbildung des Menschen, des Tieres, aber auch der Pflanzen aus geisteswissenschaftlicher Sicht vollkommen anders darstellt, als wir es uns mit unserem materialistischen Weltbild vorstellen. Geist und Stoff wirken bei der Substanzbildung ebenbürtig zusammen.

Will man aber den Inhalt des Landwirtschaftlichen Kurses wirklich verstehen, dann ist ein anderes, geistgemäßes Verständnis der Ernährung einer der grundlegenden Gedankengänge, die es zu verinnerlichen gilt. Auch in der Landwirtschaft wirken Geist, Seele und Physis zusammen. Sie ist eben nicht in erster Linie durch die kausalen physischen Gesetze geprägt, sondern die Gesetze der physischen Welt sind eigebunden in die Lebenswelt, die Seelenwelt und in die geistige Welt. Diese Gedanken können uns als biodynamische Bauern beim Studium des Kurses, aber auch in der Praxis hilfreich sein, um die Fragen der Düngung besser zu verstehen.

Die Bildung des Embryos

Zunächst fällt bei der Entwicklung des Embryos auf, dass der Kopf im gesamten Bildungsprozess eine andere Stellung einnimmt als die Ausbildung des Rhythmischen und des Stoffwechsel-Gliedmaßen-Systems (zusammen der Rumpf). Er ist dem Rumpf und besonders der Bildung der Gliedmaßen in seiner Entwicklung weit voraus. Betrachtet man einen Embryo in der 6. bis 10. Entwicklungswoche, so kann man den Eindruck gewinnen, es handele sich nur um einen Kopf, mit einem kleinen Anhängsel an Leib und Gliedmaßen. Tatsächlich schreitet die Ausbildung des Kopfes und des Gehirns der Entwicklung des Rumpfes voran. Die Entwicklung des Gehirns und des Nervensystems beginnt mit der dritten Schwangerschaftswoche, und in der achten Woche sind das Gehirn und das Rückenmark in ihren Grundstrukturen veranlagt, aber ihre Bildung ist noch nicht abgeschlossen. Diese zügige Entwicklung des Kopfes in den ersten Lebenswochen des Embryos deutet nach meiner Auffassung schon die Besonderheiten der Kopfbildung gegenüber der Entwicklung des Rumpfes an.

Die Bildung des Kopfes

Durch Faltung der ersten Zellen bilden sich beim Menschen die drei Keimblätter, das Endoderm, das Mesoderm und das Ektoderm. Durch das Endoderm entstehen die inneren Organe, durch das Mesoderm werden die Knochen, die Muskeln und das Bindegewebe gebildet und durch das Ektoderm werden das zentrale Nervensystem und die Haut gebildet. Das Grundgewebe des Rumpfes ist das Mesenchym. Es ist aus dem Mesoderm hervorgegangen und ist ein von Hohlräumen durchsetztes Gewebe. In ihm befindet sich auch der embryonale Achsenstab, aus dem später die Wirbelkörper und die Bandscheiben gebildet werden. Dieser Achsenstab endet oben an der Schädelbasis. Dadurch bleibt die Kopfanlage in ihrer Entwicklung frei vom Mesenchym, und die gesamten Schädelknochen, ebenso wie die Muskeln, das Bindegewebe und die Sinnesorgane des Kopfes, werden auf andere Weise gebildet als der ganze Rumpf. Wie oben bereits erwähnt, sind das Gehirn und das Nervensystem Abkömmlinge des Ektoderms, aus dem sich das Neuralrohr faltet. Im Randbereich des Neuralrohres bildet sich eine Abfaltung, die sogenannte Neuralleiste. Die Zellen der Neuralleiste schwärmen in das Kopfgebiet aus und bilden ein netzförmiges Grundgewebe, aus welchem später Knochen, Muskulatur, Zähne und Bindegewebe gebildet werden. Die gesamte Bildung des Kopfbereiches geschieht vollkommen unabhängig von der übrigen Bildung des Rumpfes und seines Mesenchyms, rein neurogen. Das Grundgewebe des Kopfes ist dem embryonalen Bindegewebe des übrigen Körpers zwar sehr ähnlich, das Mesenchym des Rumpfes wirkt aber nicht bei der Bildung des Kopfes und seinen Organen mit. Das nur im Kopfbereich auftretende und aus neurogenem Ursprung stammende Bindegewebe wird Ektomesenchym genannt. Es hat sich aber vollkommen unabhängig vom Mesenchym des Rumpfes gebildet und kommt im Bereich des Gesichtsschädels vor, wo es tatsächlich eine Art Zwischengewebe bildet. Alle Bildungen des Kopfes, die Sinnesorgane, die Knochen, die Muskeln, die Zähne, die Anlage des Kopfes mitsamt dem Gehirn und den Nervenbahnen, sind also, anders als der gesamte übrige Körper, rein neurogenen Ursprungs.

Es wird deutlich, dass im Embryo durch die Schädelbasis eine Trennung vom Achsenstab erfolgt ist und dass alles, was sich oberhalb der Schädelbasis befindet, neurogenen Ursprungs ist. Die Kopfbildung wirkt hier in gewisser Weise wie abgesondert von den Bildungsprozessen des Rumpfes.

Während sich das Nervensystem in der Embryonalentwicklung vom Hirn hinein in den Rumpf entwickelt, dringt das Gefäßsystem des Rumpfes in den Kopf hinein und versorgt dort alle Organe mit Blut. Das Informationssystem ist selbst nicht in der Lage, Blutgefäße zu bilden.

Der Kopf – eine Bildung aus irdischer Stofflichkeit

Beim Betrachten des Embryos wurde bereits deutlich, wie sich die Bildung des Kopfes von der Bildung des Rumpfes abhebt. Dabei zeigte sich, dass der Bildung des Kopfes andere Gesetzmäßigkeiten zugrunde liegen als der Rumpfbildung. Bei der Kopfbildung handelt sich um eine rein neurogene Bildung, die in vielen Bereichen unabhängig und anders verläuft als die Bildung des restlichen Körpers. So ist es umso erstaunlicher, dass sich in der Gesichtsbildung ähnliche Bildekräfte mit extrazellulären Räumen wie im Rumpf zeigen, und dies, obwohl alle Bildungen im Kopfbereich neuronalen Ursprungs sind. Man kann den Eindruck gewinnen, dass die Kopforganisation bereits in früheren Zeiten Erfahrungen mit mesenchymen Organbildungen gemacht hat.

Rudolf Steiner beschreibt in den Vorträgen «Der Mensch als Zusammenklang»[26], dass der Mensch nur dadurch eine Veränderung (Entwicklung) durchmachen kann, dass er die geistige Substanz des Stoffwechsel-Gliedmaßen-Systems eines Lebens mit durch die Pforte des Todes hinüberträgt in die geistige Welt. Ohne diese Tatsache würde er den Menschenweg durch die Zeit nach dem Tode nicht zurücklegen können. Würde er diese geistige Substanz nicht mitnehmen durch den Tod, dann würde er verschwinden.[27]

In den Vorträgen «Die Brücke zwischen der Weltengeistigkeit und dem Physischen des Menschen» weist Steiner auf den Zusammenhang hin, dass der Kopf des Menschen ein metamorphosisches Ereignis der vorigen Erdenleben ist. Er sagt: «Grob gesprochen: Unseren Kopf haben wir dadurch, dass unsere Gliedmaßen aus dem vorherigen Erdenleben sich zum Kopf metamorphosiert haben. Unsere Gliedmaßen, wie wir sie jetzt an uns tragen, mit allem was zu ihnen gehört, werden sich metamorphosieren zu dem Haupte, das wir in dem nächsten Erdenleben an uns tragen werden. Wir sind gewissermaßen bewirkt aus dem Weltenall dadurch, dass sich in uns der Gedanke aus der Vorzeit mit dem Willen, der in die Zukunft hinein will, zusammenorganisiert.»[28]

Im Landwirtschaftlichen Kurs wird deutlich dargelegt, dass der Kopf aus irdischer Substanz gebildet wird. Darauf deutet ja auch der hohe Anteil der mineralischen Knochenmasse des Kopfes hin. In dem Zyklus «Initiations-Erkenntnis» betont Steiner, dass die Knochenmasse des Kopfes ganz physischer Natur ist. Die Tätigkeit aber, die den Kopf plastisch ausbildet, kommt aus der geistigen Welt. Die Stoffe der Kopfbildung stammen also aus der physischen Welt, die Bildekräfte des Kopfes sind geistiger Natur, rühren aber aus früherer willentlicher Auseinandersetzung des Stoffwechsel-Gliedmaßen-Systems mit der physisch-irdischen Welt her.[29]

Wie könnte die Substanzbildung des Nerven-Sinnes-Systems und des Stoffwechsel-Gliedmaßen-Systems sich vollziehen?

In der Leber vollzieht sich die Synthese der durch die Verdauung aufgenommenen, eigenschaftslosen Stoffe. Die Nahrungsmittel sind im Verdauungsprozess zerkleinert, verflüssigt und bis hin zur Leber immer stärker ihrer Erdenschwere enthoben. Sie kommen so immer stärker in den Bereich des Wärmeätherischen und sind bereit, sich den Geistkräften des Weltenalls hinzugeben. In der Wärme des Blutes lebt das Ich des Menschen, sein geistiger Wesenskern. In der Leber werden die Stoffe wirklich erst zu unseren körpereigenen (von unserem Geist ergriffenen) Stoffen. Die Energie, die in unserem Blute pulsiert, treibt diese aus dem Geist heraus geschaffenen neuen Stoffe in den Körper, und hier zeigt sich der Ätherleib, mit dem der Mensch sonst wachend als sinnliches Erdenwesen denkt, als die kosmische Kraft, die unseren physischen Organismus mit seinen Bildekräften aufbaut.

Im Stoffwechsel-Gliedmaßen-System sind diese Bildekräfte in ihrer

Tätigkeit von den kosmischen Kräften geprägt, die wir über die Sinne in unserem augenblicklichen Leben aufnehmen. Wir schaffen also die kosmische Stofflichkeit unseres Stoffwechsel-Gliedmaßen-Systems dauerhaft selbst in Zusammenarbeit mit den kosmischen Kräften, die wir über die Sinnesorgane aufnehmen.

Bei der Bildung des Kopfes ist es anders. Auch hier werden die neu gebildeten Stoffe in den Kopf getragen. Die Bildekraft, die hier wirkt, ist aber nicht durch uns aktuell in diesem Leben geschaffen worden wie beim Stoffwechsel-Gliedmaßen-System, sondern hier ist die Kraft, die den Kopf ausbildet, eine rein geistige, die sich aus der Auseinandersetzung unseres Stoffwechsel-Gliedmaßen-Systems mit der physischen Welt im vergangenen Erdenleben entwickelt hat und die inzwischen in der Zeit zwischen dem Tod und einer neuen Geburt vergeistigt worden ist. Steiner drückt es in dem Zyklus «Initiations-Erkenntnis» folgendermaßen aus: «Die Formen dieses Menschenhauptes sind ganz und gar aus der geistigen Welt heraus gebildet, sie sind sozusagen Himmelsschöpfung.»[30]

Fünfte Übung

Findet man die oben dargelegten Bildungstendenzen des Menschen für das Stoffwechselsystem und den Kopf bei der Pflanze wieder?

So wie die landwirtschaftliche Individualität dem auf den Kopf gestellten Menschen entspricht, so stellt Steiner dar, dass die Pflanze auch dem auf den Kopf gestellten Menschen ähnlich ist. Die Wurzel entspricht dem Nerven-Sinnes-Pol, die grünen Blätter und der Stängel dem mittleren Bereich mit der Atmung und die Blüte und Frucht dem Stoffwechsel-Gliedmaßen-System.[31]

Die Wurzel zeigt ähnlich dem menschlichen Haupt verhärtende und mineralisierende Tendenzen. Sie hat einen hohen Aschegehalt. Besonders die Wurzelspitzen haben die Fähigkeit, ähnlich unserem Nerven-Sinnes-System wahrzunehmen und mit dem Boden und mit anderen Pflanzen in Kontakt zu treten.

Der mittlere Bereich der Pflanze wird durch die grünen Blätter geprägt. Hier findet der Gasaustausch zwischen Innen und Außen der Pflanze im Rhythmus des Sonnenlaufes statt.

Im oberen Bereich der Pflanze finden wir die Blüten und die Fruchtbildung, aber auch die Organe der Fortpflanzung.

Versuche, gedanklich eine Beziehung zwischen der oben dargestellten Substanzbildung beim Menschen und bei der Pflanze zu finden.

Schon im Samen, der bereits zum Abschluss des Lebens des Vorjahres der Pflanze gebildet wurde, sind die Keimwurzeln und die Keimblätter als Anlage ausgebildet worden. Der Same ist die geistigste Form der Pflanze. Der Same mit Keimwurzeln und Keimblättern prägt die neue Pflanze in ihrer Entwicklung maßgeblich.

Der mittlere Bereich der Pflanze bildet in seinen grünen Blättern durch die Fotosynthese Kohlehydrate. Der mittlere Bereich vermittelt zwischen Wurzel und Blüte/Frucht.

Die Blüte, die auf der grünen Pflanze sitzt, kann, da sie keine grünen Blätter hat, selbst keine Substanz bilden. Sie muss von der Pflanze ernährt werden. Sie kann aber die aufgenommenen Stoffe umwandeln und sie mithilfe des Lichtes und der Wärme in neue kosmische Substanz verwandeln. Dabei werden bereits in der neuen Frucht die Grundlagen für das nächste Leben gelegt.

Prüfe den Gedankeninhalt der möglichen Substanzbildung beim Menschen und bei der Pflanze.

Wenn du ihn richtig erfasst hast, versuche, diese Gedanken in deinem seelischen Resonanzraum zu halten und zu erspüren, was du bemerkst.

Das Stoffwechselgeschehen im Nervengewebe

Aber auch das Stoffwechselgeschehen im Nervengewebe gestaltet sich bei der Versorgung des Kopfes mit Blut anders als im übrigen Körper. Im übrigen Körper findet der Stoffaustausch über den extrazellulären Raum statt. Dieser extrazelluläre Raum ist der Raum, der sich außerhalb der Zellen befindet. Er enthält große Mengen Flüssigkeit und auch das die Organe umhüllende Bindegewebe. Der Stoffaustausch zwischen den Blutgefäßen und den Organen erfolgt im Rumpf über den extrazellulären Raum.

Diesen extrazellulären Raum, der im Rumpf von entscheidenden Bedeutung für die Stoffaustausch ist, gibt es im Nervensystem nicht. Es gibt hier kein Zwischengewebe und keine schützende Hüllenstruktur. Der Transport von Flüssigkeiten und Nährstoffen erfolgt im Nervensystem über spezielle Zellen, die zwischen den Blutgefäßen und dem eigentlichen Nervengewebe vermittelnd tätig sind. Es sind die Gliazellen, die den Bildungszellen im Rumpf nahe verwandt sind, aber durch eine rein neuronale Ausbildung im Kopf gebildet wurden. Sie gehören ausschließlich dem Informationssystem an. Die Gliazellen bilden das Strukturgewebe für die Nervenzellen, sie sind für die Ernährung der Nervenzellen notwendig und sind am Informationsaustausch beteiligt. Den Raum zwischen den Nervenzellen des Gehirns und den Blutgefäßen füllen die Gliazellen bis auf einen kleinen Spalt aus.

Der Informationsprozess im Nerven-Sinnes-System

Die Informationsprozesse im Nervensystem sind Membranprozesse. Damit diese Membranprozesse auch zwischen den Nervenzellen und Nervenfasern ungestört vonstattengehen können, dürfen die Spalträume nicht wie im Rumpf für Stoffaustauschvorgänge herangezogen werden. Jede Änderung der Ionenkonzentration und des Flüssigkeitsvolumens würde schnell zum Zusammenbruch der Membranpotenziale führen, und die Übertragung von Informationen wäre unmöglich.

Das Nervengewebe hat also durch seine Membranprozesse Ähnlichkeit mit dem Gewebe in Pflanzenzellen, denn bei den Pflanzen erfolgt der Stofftransport auch transzellulär, und es besteht auch kein Bindegewebe zwischen den Zellen.

Das Gehirn als eine Ausscheidung aus dem organischen Prozess

In der Verdauung werden die Stoffe in eigenschaftslose Baustoffe zerlegt. Sie werden mineralisiert. Nur in der Form können sie in den Körper aufgenommen und vom Ätherleib und dem Ich ergriffen werden. Hier finden wir eine erste Abscheidung aus dem Verdauungssystem vom Dünndarm in den Blutkreislauf.

Der im Darm verbleibenden Substanz werden im Dickdarm noch ihre letzten für den Organismus brauchbaren Bestandteile entnommen. So finden wir in der zweiten Ausscheidung aus dem Verdauungssystem, dem Stuhl (Dung), eine Substanz, aus der weitgehend die für das Lebewesen notwendigen Nährstoffe entnommen und der die Lebens- und die Bildekräfte entzogen sind. Sie ist im Vergleich zu den Ausgangsstoffen tot und mineralisiert.

Die Aufnahme der Nährstoffe, die das Gefäßsystem an das Gehirn heranführt, ist nicht direkt möglich. Es bestehen im Gehirn keine extrazellulären Räume. Hier müssen die Stoffe zunächst von dem Gefäßsystem, welches seinen Bildeprozessen nach nicht zum Kopf gehört und dadurch dem Gehirn mit seinen neuronalen Strukturen fremd ist, in die Astrozyten (große Gliazellen) ausgeschieden werden, um anschließend von den Astrozyten in die Nervenzellen abgesondert werden zu können. Vom Stoffwechsel-Gliedmaßen-System aus gesehen findet hier eine zweifache Abscheidung in den Kopf statt. Es handelt sich um Ausscheidungen aus dem organischen Prozess in das Gehirn. Da das Gehirn ein eigenes Stoffwechselsystem hat, ist es auch die Aufgabe der Astrozyten, die Reste der aufgenommenen Stoffe, die wieder abtransportiert werden müssen, aufzunehmen und an das Gefäßsystem abzusondern.

Interessant ist auch, dass die Astrozyten bei der Bildung der Blut-Hirn-Schranke eine entscheidende Rolle spielen. Diese Blut-Hirn-Schranke verhindert den unkontrollierten Übergang von Fremdstoffen aus dem Gefäßsystem in das Hirngewebe und schützt damit vor

Infektionen und Entzündungen. Auch hier zeigt sich eine Ähnlichkeit mit dem Verdauungssystem, welches durch sein starkes lymphatisches Gewebe Immunbarrieren aufbaut und damit den Eintritt von Fremdstoffen in den Blutkreislauf erschwert und die Abwehrkräfte unterstützt. Die Blut-Hirn-Schranke in den Astrozyten sorgt durch ihre konsequente Wächterfunktion auch dafür, dass das Milieu im Gehirn mit seinem eigenen Stoffwechsel erhalten wird und die Autonomie des Denkens gegeben bleibt.

Nach meiner Auffassung werden die oben dargestellten Aussagen von Steiner, dass der Darminhalt seinen Prozessen nach durchaus verwandt mit dem Hirninhalt ist und dass das Gehirn sich auf demselben Wege – nur nach einer etwas anderen Richtung hin – entwickelt hat wie der Dung, verständlicher. Sowohl der Dung als auch die Gehirnsubstanz sind durch Abscheidungen des gesamten Organismus entstanden. Beim Gehirn findet die Abscheidung vom Gefäßsystem in das Gehirn sogar in ein vom übrigen Stoffwechselsystem des Leibes getrenntes und eigenständiges Stoffwechselsystem statt. Die eine Absonderung der Hirnbildung erfolgt nach oben zum Kopfe hin, die andere nach unten als Abschluss des Stoffwechsel-Gliedmaßen-Systems nach außen hin.

Ein fortgeschrittener Dunghaufen ist das im Gehirn sich Ausbreitende

Wir haben oben gesehen, dass die Ausscheidungen von Tier und Mensch im Vergleich zu den Ausgangsstoffen der aufgenommenen Nahrung stark mineralisiert und unlebendig sind. Ähnlichkeiten zeigen sich auch im Gehirn und im Nervensystem. Rudolf Steiner spricht in der «Allgemeinen Menschenkunde» davon, dass das Nervensystem fortwährend die Tendenz hat, zu verwesen, mineralisch zu werden. Er sagt: «Im Nervensystem geht fortwährend das Sterben des Menschen vor sich.»[32] Dieses Sterben ist notwendig, damit das Nervensystem dem Menschen keine Hindernisse bietet und er dadurch frei das denkende Erkennen entfalten kann. Es bildet so die Grundlage des Erkennens der Welt und trägt dazu bei, dass wir Bewusstsein entfalten können.

Schaut man auf die embryonale Hirnbildung, so hat man den Eindruck, dass hier zunächst Lebens- und Gestaltungskräfte im Übermaß wirken. So werden z.B. während der Schwangerschaft durchschnittlich 250.000 neue Gehirnzellen pro Minute gebildet, die dann die Grundlage für alle Substanzbildung des Gehirns sind. Diese massenhafte Bildung von Gehirnzellen führt dazu, dass es zeitweise zu einer Art Überproduktion an Gehirnzellen kommt. Es können aber nur die stabilsten Zellverbindungen bestehen bleiben. So werden bis zu 80 % der Zellen wieder abgebaut.

Das Gehirn und das Rückenmark des Embryos sind zwar nach der achten Schwangerschaftswoche in ihren Grundstrukturen angelegt, aber noch nicht fertig ausgebildet. Auch nach der Geburt wirken im Gehirn noch starke Vitalkräfte. So kommt es weiterhin zu einem großen Wachstum an Gehirnzellen, und die einzelnen Nervenfasern werden dicker. Bei einem dreijährigen Kind bestehen doppelt so viele Verbindungen zwischen den Nervenzellen wie bei einem Erwachsenen. Aber auch hier bleiben nur die aktivsten Verbindungen bestehen. Erst mit dem Einsetzen der Pubertät geht dieser Überschuss an Lebenskraft im Gehirn langsam zu Ende. In der Wissenschaft geht man heute davon aus, dass nach ca. 20 Lebensjahren die jugendliche Gehirnentwicklung abgeschlossen ist.

Rudolf Steiner beschreibt die Entwicklung des Kindes so, dass zunächst nach der Geburt die vier Wesensglieder (physischer, ätherischer, astralischer Leib und Ich) beim Kind innig miteinander verbunden sind. Mit dem Zahnwechsel löst sich der Ätherleib aus diesem Verbund heraus. Mit der Pubertät löst sich dann der Astralleib aus dieser Verbindung, und mit Ende des dritten Lebensjahrsiebts, also um das 21. Lebensjahr, wird das Ich geboren. Diese Vorgänge spiegeln sich nach Auffassung des Verfassers in der Hirnentwicklung und dem Abnehmen seiner Lebenskräfte bis zum 20. Lebensjahr wider. Weiter weist Steiner mehrfach darauf hin, dass es richtig ist, die jungen Menschen erst nach der Geschlechtsreife intellektuell anzusprechen, denn es bilde sich erst dann die natürliche Fähigkeit aus, intellektuelle Inhalte so aufzunehmen, dass es der Entwicklung des Menschen förderlich ist.[33]

Hier wird deutlich, dass das Gehirn des Kindes bis zur Pubertät in seinen Bildeprozessen noch stark von den ätherischen und astralischen Kräften geprägt wird. Erst mit der Freiwerdung dieser Wesensglieder ist das Frontalhirn so weit ausgereift, dass ein selbstständiges Denken und Urteilen möglich wird, und es ist dann sinnvoll, rein intellektuelle Inhalte an das Kind heranzuführen, denn erst durch das Zurückgehen der Lebenskräfte im Gehirn kann es zur Grundlage für die Tätigkeit des Ichs werden, sodass intellektuelle Ansprache richtig verarbeitet werden kann.

In dem Buch «Grundlegendes zur Erweiterung einer Heilkunst» (GA 27) drücken die Ärztin Ita Wegman und Rudolf Steiner den oben dargestellten Inhalt folgendermaßen aus: «Die eigentlichen Gehirnnerven sind diejenigen, die der Ich-Organisation unterliegen. Bei ihnen treten die Tätigkeiten der ätherischen –und astralischen – Organisation zurück.»[34]

Damit das Gehirn als Grundlage der Ich-Entwicklung des Menschen geeignet ist, müssen die Lebens- und Gestaltungskräfte in ihrer Wirksamkeit zurücktreten. Das Gehirn wird unbelebter und mineralischer, und damit zeigt es eine gewisse Ähnlichkeit mit dem Zustand der Ausscheidungen (Dung), die unbelebter und mineralisierter sind als die übrige Körper- und Nahrungssubstanz.

Düngung mit Mist, Düngung mit dem Gehirn

Wie konkret Rudolf Steiner seine Aussagen zum Dung und zum Gehirn gemeint hat, wird deutlich, wenn man die Aussagen betrachtet, die er in der Ansprache vom 17. Juni 1924 in Koberwitz gemacht hat.[35] Dort weist er darauf hin, dass wir mit dem Düngen der Felder den weltenschaffenden Kräften dieses Dungstoffliche zurückgeben, damit der Geist es dort empfangen kann. Letztlich wird der Dung dann dazu beitragen, den Kohlenstoff als Weltenplastiker und Träger aller Gestaltungsprozesse in der Natur in seinem Wirken bei der Ausbildung der Pflanzenleiber zu unterstützen.

Weiter legt Steiner dann für den Menschen dar, wie ein ähnlicher Prozess sich bei der Ernährung des Menschen abspielt. Unbewusst werden im Menschen die Nahrungsstoffe weisheitsvoll umgearbeitet und laufen aus in den Dunghaufen, der das Gehirn ausfüllt. Mit diesem

Dunghaufen im Gehirn können wir dazu beitragen, die Geistesfelder zu düngen, damit die Götter zu den Menschen herabkommen.

Der Dunghaufen am Kuhstall und der Dunghaufen im Gehirn können beide dem Weltengeist auf unterschiedliche Art die Wege in die Welt bahnen.

Betrachtet man den ganzen Zusammenhang des Kopfes und der Gehirnbildung, wie er oben beschrieben wurde, und stellt man ihn sich als Bild vor die Seele, so kann man in dem, was sich dann ausspricht, schon der Aussage im Landwirtschaftlichen Kurs näher kommen, dass der Darminhalt seinen Prozessen nach durchaus verwandt ist dem Hirninhalt.

7 Die kosmisch-qualitative Analyse

Im zweiten Vortrag des Kurses sagt Steiner, was auf der Erde als Pflanzenwachstum ist, sei noch nicht alles, sondern zu einem bestimmten Erdgebiete gehöre ebenso ein bestimmtes Tierisches. Es bestehe die Eigentümlichkeit, dass die beste kosmisch-qualitative Analyse sich selbst vollzieht im Zusammenleben eines gewissen mit Pflanzen bewachsenen Gebiets mit dem, was an Tieren in diesem Gebiet lebt.

Wenn man das richtige Maß von Kühen, Pferden und anderen Tieren auf irgendeiner Landwirtschaft hat, geben diese Tiere alle miteinander gerade so viel Mist, als man braucht für die Landwirtschaft, als man braucht, um dem Chaosgewordenen noch etwas dazuzusetzen.

Verbindung von Pflanze, Landschaft, Standort und der Mineralwelt zum Tier

Das Wachsen und die Ausbildung der Formen der Pflanzen sind in jeder Landschaft, aber auch in jeder landwirtschaftlichen Individualität sehr unterschiedlich. Je nach Bodenverhältnissen, Licht und Schatten, Klima, Luftdruck, Düngung, Feuchtigkeit oder Trockenheit, Wärme, Nutzungsarten durch den Menschen entwickeln sich die Pflanzen in Form, Farbe und Gesamtgestalt von Ort zu Ort sehr verschieden. Die Pflanze drückt dann in ihrer Erscheinung die Bedingungen des jeweiligen Standortes aus. Je größer sie im Laufe des Jahres wird, desto mehr differenziert sie sich und wird immer mehr zum Bild ihrer Auseinandersetzung mit den äußeren Verhältnissen des Ortes, die eben sehr individuell sind. Man kann sagen, dass der Kohlenstoff sich als Weltenplastiker hier konkret am Ort in den Formen der Pflanzen verkörpert, aber eben nicht nur allgemein, sondern auch in den individuellen Formen, die sich in der Auseinandersetzung der Pflanzen mit dem Standort ausbilden. So entsteht ein Landschaftsbild, welches durchaus vom Menschen in Bildformen und Stimmungen wahrgenommen werden kann und durch Übung und genaue Beobachtung der Tatsachenwelt dazu führen kann, sich der Idee eines Ortes (auch als das Kosmische bezeichnet) anzunähern.

Wie in dem Absatz über die Individualisierung der Stoffkreisläufe bereits dargestellt, suchen die Wildtiere diese Bilder in der Landschaft durch ihren Instinkt, in dem die in ihnen ruhende Weisheit zum Ausdruck kommt, auf. Sie suchen seelisch nach Landschaftszusammenhängen, die sie fühlend erleben und die ihnen ein sympathisches Gefühl vermitteln. Erst wenn ihr Seelendrang durch die äußeren Verhältnisse befriedigt ist, beginnen sie eine Landschaft zu besiedeln, ihre Reviere zu bilden, die Landschaft mit ihren Geräuschen, ihren Wildwechseln, Höhlen, Nestern, Flugbahnen usw. zu beleben und zu prägen. Rudolf Steiner beschreibt das Verhältnis der Tiere zur Pflanzenwelt folgendermaßen: «Wenn das Tier eine Pflanze sieht, dann ist nicht zunächst die Empfindung da, es ist außen eine Pflanze, und ich bin im Inneren ein geschlossenes Wesen, sondern für das Tier ist ein starkes inneres Erlebnis von der Pflanze da, eine unmittelbar sprechende Sympathie oder Antipathie. Das Tier empfindet gewissermaßen dasjenige, was die Pflanze äußert, in seinem Inneren mit.»[36]

Ähnlich fühlend beschreibt Steiner auch das Verhältnis der Tiere zur mineralischen Welt: «Alle mineralische Welt ist in einem feinem Erzittern von Kräften durchsetzt, die der Mensch nicht wahrnimmt. Dieses feine Erzittern, diese Kräfte nimmt das Tier so wahr, dass es das eine als sympathisch empfindet, das andere nicht. Wenn das Tier zum Beispiel von einer Bodenart zur andern umkehrt, so ist es nicht so, dass das Tier es sieht wie der Mensch, sondern weil ihm etwas schmerzlich ist, weil die feinen Bewegungen in ihm nachklingen, weil es sich wie dazugehörig fühlt. Das ist eine Art von instinktivem Hören, wie ein Mithören dessen, was in dem Boden vorgeht, oder das ist wie ein Riechen.»[37] So wird es etwas vorstellbarer, wie eng das Zusammenleben von Boden und Pflanzen eines Gebietes mit den Tieren eines Gebietes ist, und dass sich daraus auch bestimmte positive Wirkungen für das Gebiet entwickeln können. Die Tiere sind seelisch aufs Engste mit dem Zustand des Bodens und der Pflanzen verbunden und können diese Zustände offensichtlich auch gut nachempfinden.

Die Verdauung der Böden und die Verdauung der Wiederkäuer

Im Naturgeschehen welken die Pflanzen im Jahreslauf, ihre Substanz schwindet, fällt zu Boden und wird in Laufe der nächsten Jahre vom Bodenleben aufgenommen, zersetzt und zum großen Teil in stabile organische Strukturen (Humus) umgebaut.

Ein ähnlicher Prozess vollzieht sich auch auf landwirtschaftlichen Flächen mit den Ernte- und Wurzelrückständen, aber auch mit in den Boden eingearbeiteten Gründüngungen. Bei den Stoffwechselprozessen im Boden setzt zuerst eine enzymatische Aktivität der Mikroorganismen ein, die die Zersetzung der organischen Substanz befördert. Es entwickelt sich gerade nach der Einarbeitung einer Gründüngung rasch ein Abbau des Pflanzensaftes, aufgrund der erhöhten Aktivität der Mikroorganismen bildet sich vorübergehend mehr CO_2 und der Sauerstoffgehalt des Bodens nimmt ab. In diesem Milieu der Gärung können nun die Mikroorganismen den Zucker fermentieren und es bilden sich organische Säuren. Im nächsten Schritt geht diese Gärung zurück und der Sauerstoffgehalt der Rotteschicht des Bodens steigt wieder an. Dadurch wird das geeignete Milieu für die Bodenpilze und Bakterien geschaffen und sie können die organische Substanz verbauen und zu Humus umarbeiten. Durch die Stoffwechselaktivität unserer Böden bei der Umsetzung der organischen Masse entstehen als Nebenprodukt die Gase Wasserdampf (H_2O), Kohlendioxid (CO_2), Methan (CH_4) und Lachgas (N_2O). Sie steigen in die Atmosphäre auf.

Ähnliche Stoffwechselprozesse, wie sie sich beim Umsetzen der Gründüngung im Boden zeigen, findet man auch im Verdauungssystem der Rinder und anderer Wiederkäuer. Die Kuh frisst z.B. sehr schnell große Mengen Gras und füllt ihren Pansen damit. Dort halten sauerstoffzehrende Bakterien anaerobe Verhältnisse aufrecht und zerlegen die Zellulose in Kohlehydrate, Stärke und Zucker. Durch die Spaltung der Zellulose werden aber auch Eiweiße und Fette gelöst. Es werden Amide und stickstoffhaltige Verbindungen frei, die von den Bakterien in hochwertiges Körpereiweiß umgebaut werden, welches später, wenn die Bakterien im Verlauf der weiteren Verdauung in den sauren Labmagen kommen und zum Teil absterben, als vollwertiges Eiweiß zur Verfügung steht. Im Pansen bilden sich verschiedene organische Säuren, die durch die Pansenwände aufgesaugt und später in den Körper eingebaut werden oder für die Milchleistung zur Verfügung stehen. Die Tätigkeit der Bakterien im Boden und im Pansen ist nur bei einer schwach sauren Reaktion optimal (pH 6 bis 7). Durch die Gärung im Pansen bilden sich Gase, die das Rind aufstößt. Diese Gase entsprechen in ihrer Zusammensetzung fast den Gasen, die durch die Stoffwechselaktivität des Mikrobioms im Boden in die Atmosphäre abgegeben werden. Es sind beim Rind Wasserdampf, Methan, Kohlendioxyd und Stickstoff.

Wenn die Stoffwechselprozesse im Boden und im Rind einige Ähnlichkeit haben, so stellt sich doch die Frage, warum eine Landwirtschaft, die bei gleicher Fruchtfolge unter Einbeziehung der Tier- bzw. der Rinderhaltung und der Düngung mit deren Rottemist betrieben wird, deutlich bessere Ergebnisse bei der Humusbildung und der Humusstabilität erreichen kann.[38] Hat der Mist der Rinder doch eine besondere Wirkung auf die Entwicklung von Bodenfruchtbarkeit? Stimmt der alte Spruch, dass, wer Humus in seinem Betrieb aufbauen möchte, braun und nicht grün düngen sollte?

Versuche deuten darauf hin,[39] dass auch langfristig die Humusbildung von Rottemist gegenüber der Humusbildung durch reine Gründüngung sich überlegen zeigt. In diesem Versuch wurde der Humusaufbau in einer Variante über den Einsatz von Rottemist betrieben und in einer zweiten Variante nur über den Einsatz von Gründüngungen. Es folgte dann 23 Jahre lang eine Bewirtschaftung ohne jegliche organische Düngung. Der Humusgehalt nahm bei beiden Varianten ab. Der Humusgehalt bei der Variante, die nur mit Gründüngung versorgt wurde, verminderte sich und sank unter die Ausgangswerte zurück, während bei der Variante, wo Stallmist eingesetzt worden war, die Werte noch über dem Ausgangswert lagen.

Sind diese Ergebnisse vielleicht auch eine Folge der kosmisch-qualitativen Analyse, die durch die Verdauung der Pflanzensubstanz eines Hofes durch die Tiere erfolgt? Diese Frage ist sehr schwer zu klären und nicht beforscht worden, doch die besondere Bedeutung von Rindermist für die Bodenentwicklung ist durch diverse Versuche belegt.

Die Vormägen als Organ der Sinneswahrnehmung

Eine Kuh kann an einem Tag auf der Weide ca. 100 kg Gras sehr schnell vertilgen. Dabei kann sie noch keine große Geschmackswahrnehmung haben. Das Gras gelangt in die Vormägen, die durch die Tätigkeit von Pansenbakterien zu einer anaeroben Gärkammer werden. Hier entwickelt sich Wärme (40 °C). Weiter wird das Futter in den Vormägen intensiv durchgeknetet, hin- und herbewegt und zu einem Futterbrei verarbeitet. Zum Wiederkäuen wird das Futter aufgestoßen. Im Wiederkäuen wird die Nahrung dann von der Kuh erst richtig durchgeschmeckt, durchgerochen und innerlich wahrgenommen. Dabei wird viel Speichel von den Speicheldrüsen, die im Kopf liegen, gebildet.

Die Mundhöhle, die Speiseröhre, aber auch die Vormägen des Rindes sind Bildungen aus dem embryonalen Keimblatt des Ektoderms. Aus dem Ektoderm wird die Haut, aber auch der Schädel gebildet. Die Vormägen, die Haut der Tiere, aber auch die Hörner und die Klauen sind Häute. Die Vormägen der Wiederkäuer sind also eine Art Haut, die der eigentlichen Verdauung im Labmagen und im Dünndarm vorgelagert ist.

Mit dem Durchkneten des Futterbreies in den Vormägen durch die dort angesiedelte Hornhaut wird das Futter wie durchgetastet. Weiter bildet sich im Pansen Wärme, die vom Wärmesinn des Tieres erfasst wird, und auch das Schmecken im Maul ist eine Art Abtasten. Das Rind benötigt bei diesem ersten Schritt der Verdauung den Tastsinn, den Wärmesinn und den Geschmackssinn. Tastsinn, Geschmackssinn und Wärmesinn können beim Menschen nach Johannes W. Rohen[40] eher den Gefühlssinnen zugeordnet werden, das heißt, sie werden beim Menschen nicht so bewusst wahrgenommen wie die Erkenntnissinne Hörsinn, Sehsinn und Geruchssinn. Nun hat das Tier aber nicht das Bewusstsein eines Menschen, und es stellt sich die Frage, in welchem Verhältnis diese sechs Sinne bei den Rindern zueinander stehen, welchen Einfluss sie auf das seelische Erleben der Tiere haben und wie sich das auf ihre Verdauung auswirkt.

Die Tätigkeit der Vormägen in Verbindung mit den Sinnen

Der Tastsinn

Durch den Tastsinn über die Haut im Pansen kommt es zu einem inneren Erleben mit der Substanzseite des Hofes. Er ist laut Steiner vornehmlich auf die Wahrnehmung des festen Erdenelements gerichtet.[41] Das Tier kommt mit der Körperlichkeit des Hofes in Form des Futters in eine innigliche Berührung. Mit dem Tastsinn kann aber nicht nur die Außenseite der Stoffe erkannt werden, sondern es kommt auch zu einem inneren Berühren. Als Menschen sind uns die Wirkungen von heilenden, tröstenden und segnenden Berührungen wohlbekannt. Wir Menschen entwickeln durch den Tastsinn ein Gefühl für uns selbst, aber auch eine realistische Beziehung zum Raum. Das gilt auch für Menschen, die seit der Geburt blind sind. So ist anzunehmen, dass das Tier bei dem Durchkneten des Futterbreies auch innerlich seelische Wahrnehmungen hat, die je nach Futter in ihrer Qualität unterschiedlich sind.

Der Wärmesinn

Die Temperatur im Pansen ist mit ca. 40 °C um ein bis zwei Grad höher als die Körpertemperatur der Kuh. Durch den Wärmesinn können die Tiere die Differenz zwischen der Temperatur des Futters im Pansen und der Körpertemperatur erleben und somit die innere Aktivität erahnen. Auch hier werden ähnliche Erscheinungen wie bei der Haut des Menschen auftreten, bei dem sich bei wärmerer Umgebung die Blutgefäße weiten, sodass die Wärme mit dem Blut aus dem Inneren nach außen strömen kann. In kalter Umgebung verengen sich die Blutgefäße und die Haut dient als Isolierschicht.

Wärme kann das Feste auflösen und die im Raum gebundenen Kräfte ins Unräumliche zurückführen. Die Wärme hat eine starke Beziehung zum Seelisch-Geistigen, und die im Blut zirkulierende Wärmeströmung könnte vielleicht die Brücke von den Vormägen zum Seelisch-Geistigen des Tieres sein.

Der Geschmackssinn

Der Geschmackssinn ist sehr eng mit dem Geruchssinn verbunden. Während das Riechen sehr viele verschiedene Duftempfindungen vermittelt, ist die Anzahl der unterschiedlichen Geschmacksempfindungen überschaubar. Gegenüber dem Tastsinn und dem Wärmesinn ist das Geschmackserlebnis wahrscheinlich für das Tier wahrnehmbarer, «bewusster».

Mit dem Wiederkäuen kommt der zuvor erwärmte und durchtastete Futterbrei ins Maul zurück. Die Rinder können süß, bitter, salzig und sauer schmecken. Mit dem Wiederkäuen und Schmecken wird nun das ertastete und erwärmte Futter noch mehrere Male einer qualitativen Auseinandersetzung unterzogen. Dabei findet zum eine die Auseinandersetzung mit sich selbst statt, nämlich wie das Futter auf die eigene Verdauung und die Resorption wirkt; außerdem werden bis zu 200 l Speichel am Tag gebildet. Es findet im Maul aber auch eine Auseinandersetzung mit der Pflanzenwelt statt, die die Kuh auf ihrem Hof umgibt. Es ist anzunehmen, dass die Kuh beim Wiederkäuen ein starkes Geschmackserlebnis hat, welches durch die Häufigkeit der Kauschläge verstärkt wird. Wenn eine Kuh ca. 60 kg Vormageninhalt am Tag, in Portionen zu je ca. 100 g, aufstößt und dann jeden Bissen 63-mal wiederkäut, dann ergeben sich daraus ungefähr 40.000 Kauschläge am Tag. Das Futter des Hofes wird also sehr stark von der Kuh durchgearbeitet und innerlich erfahren. Im Winterfutter kommt es durch die starke Wiederkäutätigkeit zum Besinnen des vergangenen Jahres.

Der Geruchssinn

Der Geschmackssinn ist eng verbunden mit dem sehr gut ausgeprägten Geruchssinn der Kühe. Kühe untersuchen das Futter beim Weidegang und bei der Winterfütterung vor der Aufnahme intensiv durch Beriechen. Erstkontakte mit der Außenwelt beginnt das Rind durch Schnüffeln. Droht keine Gefahr, dann beginnt es zu lecken. Dann erst entscheidet es, was von der Situation zu halten ist. Ist z.B. das Geruchserlebnis beim Erstkontakt mit dem Futter für sie nicht zufriedenstellend, dann wird es trotz Hungers verschmäht. Futter, das bereits von anderen Tieren durch deren Atem durchfeuchtet ist, nehmen sie auch nicht gerne auf. Kühe können gutes Futter auch auf eine Entfernung von 8 km riechen. Auch das Stallpersonal wird bei Kühen durch den Geruchssinn wiedererkannt.

Diese besondere Fähigkeit zum Riechen haben Kühe aber nicht nur gegenüber der Außenwelt. Die Gase, die beim Wiederkäuen aufsteigen, dringen in den bei den Kühen lufterfüllten Stirn- und Kieferbereich bis in den Torus und in die Hörner vor. Dabei müssen sie mit der Atmung an den Riechzellen in der Nase vorbei. Das Riechen ist wie ein sensorischer Wächter an den Atmungsvorgängen. Die Riechzellen sind eigentlich umgebildete Nervenzellen, die sich zu Sinneszellen entwickelt haben. Eine weitere Besonderheit ist, dass die Nervenfasern der Riechzellen direkt ins Gehirn ziehen, während bei den anderen Sinnessystemen erst eine Umschaltung im Thalamus (Kerngebiet des Zwischenhirns) erfolgt. Johannes Rohen bezeichnet den Thalamus als «das Vorzimmer des Chefs»[42]. Der Thalamus kann einen Großteil der einlaufenden Sinnesanregungen unterdrücken und hemmen, ähnlich einer Filterstation. Diese Zwischenstation fehlt bei den Geruchsnerven, sodass die Geruchsreize auch direkt bis auf die Organebene hineinwirken können. Die Welt der Gerüche ist eine sehr geheimnisvolle Welt, die die Tiere, aber auch die Menschen direkt mit dem Wesen der Dinge zusammenbringen kann (man wird hellriechend). Wichtig ist es, dabei im Bewusstsein zu haben, dass der Geruchssinn der Säugetiere um ein Vielfaches ausgeprägter ist als bei den Menschen. Für die kosmisch-qualitative Analyse ist der Zusammenklang von Geschmackssinn und Geruchssinn der Rinder nach meiner Auffassung von außerordentlicher Bedeutung.

Der Gehörsinn

Kühe haben ein sehr gutes Gehör. Der Kopf wird zu den Geräuschen hin ausgerichtet, und auch die Ohren werden unabhängig voneinander zum wahrgenommenen Geräusch hin bewegt. Sie hören die tiefen Töne schlechter als der Mensch. Die hohen Töne können sie besser hören als wir, was dazu führt, dass sie im Ultraschallbereich hören können. So hören sie Töne, die uns als Menschen verborgen bleiben. Lautstärke nehmen sie anders wahr als wir. Geräusche, die wir als laut empfinden, liegen bei ihnen schon jenseits der Schmerzgrenze. Bei leisen Tönen ist ihr Gehör empfindlicher als das des Menschen. Kühe können ihre Kälber auch auf große Entfernung am Klang des Brüllens erkennen. Auch «hofeigene» Menschen können sie auf große Entfernung an dem Klang der Stimme erkennen.

Durch das Gehör können wir Menschen bewusst die Innenwelt eines anderen Wesens wahrnehmen. Der Ton offenbart uns den Charakter von anderen Elementen oder Wesen. Damit wir das fremde Element in uns hineinnehmen können, müssen wir uns innerlich ganz frei machen. So entwickelt sich seelisch eine hingebungsvolle Einheit mit dem Fremden. Diese hingebungsvolle Einheit mit anderen Elementen im Hören erfordert seelische Sympathie. Vielleicht spielen sich diese Prozesse bei den Rindern beim Hören der Welt ähnlich ab wie beim Menschen.

Es ist gut vorstellbar, wie die Kuh mit ihrem empfindlichen Gehör- und Geruchssinn das unterschiedlich feine Erzittern von Kräften (siehe Zitat Steiner oben, Seite ## zu EN 37),[43] das von den verschiedenen Bodenarten ausgeht, instinktiv wahrnehmen kann und wie diese Kräfte auf die Wesenheit der Kuh einwirken. Es wird deutlich, wie feinhörend und feinriechend die Kuh ist und wie auch diese Kräfte bei der kosmisch-qualitativen Analyse eine Bedeutung haben können.

Der Sehsinn

Rinder sehen anders als Menschen. Sie können mit ihren an der Seite des Kopfes liegenden Augen rundum in einem Winkel von 340° sehen; der Mensch sieht sein Umfeld nur in einem Winkel von 180°. So können Rinder praktisch hinter sich sehen, ohne den Kopf verdrehen zu müssen. Ausgenommen ist der kleine Bereich, der unmittelbar hinter ihnen liegt. Durch diesen Weitwinkelblick erscheinen ihnen vor allem die Dinge am äußeren Rand des Blickfeldes gekrümmt. Nach vorne, im oberen Bereich, können Rinder einen Ausschnitt von 30° im Fernsichtbereich schärfer wahrnehmen als zu den Seiten hin, wo alles verschwommen ist. Im Nahsichtbereich können sie nur unten scharf sehen. Damit Rinder scharf sehen können, müssen die Objekte ihres Interesses sehr nahe bei ihnen sein, und sie müssen ihren Kopf senken können.

Während der Mensch in einem Winkel von 140° dreidimensional sehen kann, beträgt dieser Winkel beim Rind nur 50°. Das hängt mit der Stellung der Augen zusammen und hat eine große Bedeutung für die Tiefenwahrnehmung, die schlechter ist als beim Menschen. Den Tieren erschwert es das richtige Abschätzen von Entfernungen.

Das Bewegungssehen ist bei Rindern wesentlich besser ausgebildet. Der Mensch kann ca. 18 Bilder pro Sekunde wahrnehmen, Rinder bis zu 60 Bilder pro Sekunde. Das ist auch der Grund dafür, dass Rinder auf hektische Bewegungen gestresst reagieren.

Rinder erleben das Wahrnehmen von Kontrasten anders als der Mensch. Ihr Auge benötigt im Vergleich zum menschlichen Auge 5- bis 10-mal länger, um sich an extreme Hell-Dunkel-Verhältnisse anzupassen. So meiden Kühe ganz grelle oder ganz dunkle Stellen. Nachts können Rinder besser sehen als der Mensch.

Auch das Farbspektrum der Rinder ist anders als beim Menschen: Sie haben eine Rot-Grün-Schwäche. Das Rot tritt eher zurück und die Grüntöne werden eher als gelblich wahrgenommen.

Beim Menschen ist der Sehsinn, im Gegensatz zu den Rindern, der dominanteste Sinn, und er prägt sein Denken und Vorstellen sehr stark. Der Mensch kann sich durch seine vorne liegenden Augen von den Gegenständen des Raumes distanzieren und sie sich bewusst machen. Die Sehachsen beider Augen berühren sich (optisch) im wahrgenommenen Gegenstand, und es kommt zu einem Abtasten und Bewusstmachen der Erscheinungen, die außerhalb unseres Körpers liegen, also zu einer Auseinandersetzung der äußeren Welt mit dem Inneren des Menschen. Dieser Vorgang stärkt unser Bewusstsein enorm. Im Sehvorgang des Menschen wirkt als Gegenpol zum eher Sympathischen des Hörens die Stimmung der Antipathie vor.

Das Sehen der Rinder ist dagegen nicht geschärft, sondern eher diffus. Dadurch, dass der starke Geschmackssinn des Rindes in Verbindung mit dem ausgeprägten Geruchssinn eher nach innen als nach außen gerichtet ist, nimmt es die Welt völlig anders wahr als der Mensch. Der vergegenständlicht durch seine Art, die Dinge zu sehen, die Welt; das Rind empfindet sie dumpf und erlebt sie seelisch antipathisch oder sympathisch.

Bei den Vormägen der Rinder und anderer Wiederkäuer handelt es sich um Bildungen des Ektoderms. Es sind Häute, die sich in den Vormägen zu Aushöhlungen geformt haben und dem eigentlichen Verdauungssystem, das im Labmagen beginnt, vorgelagert sind. Weiter sind die Vormägen in den Vorderkörper der Rinder verlagert und liegen dicht am Kopf, in dem ein Teil des Nerven-Sinnes-Bereichs liegt bzw. zu «Bewusstsein» kommt. Sie sind also getrennt von der eigentlichen Innenwelt der Rinder. So findet beim Rind mithilfe von Mikroorganismen eine Art Vorverdauung in den Vormägen statt. Dieser Prozess geschieht, wie wir sehen konnten, unter intensiver Beteiligung des Nerven-Sinnes-Systems, welches die bei der Pansentätigkeit gemachten unterschiedlichen Erfahrungen der verschiedenen Sinne an das Gehirn weiterleitet. Von dort aus werden Informationen, Signale, Reize und Erregungen über das Nervensystem in die verschiedenen Organprozesse zu deren Regelung und in die Strukturerhaltung gesendet. Das bedeutet, dass die Botschaften des Nerven-Sinnes-Systems, welche bei der Tätigkeit der Vormägen und natürlich auch der übrigen dann folgenden Verdauungsorgane gemacht worden sind, auch an die Atmung und den Kreislauf, das Rhythmische System, weitergeleitet werden. Damit ist aber auch gegeben, dass die Empfindungs- oder Gefühlsebene des Tieres stark von den Erlebnissen der Vorverdauung berührt wird und großen Einfluss auf ihr ganzes Wesen hat, denn das Tier hat ja in der Begegnung mit den Pflanzen ein unmittelbar sprechendes Erlebnis von Antipathie und Sympathie. Natürlich wirken die Signale des Nerven-Sinnes-Systems auch auf das Stoffwechsel-Gliedmaßen-System ein und erreichen so die Willensprozesse des Tieres, die sich auch in ihren Instinkten, Trieben und Begierden zeigen. Gerade im Instinktwesen des Tieres lebt sich aber auch die Gruppenseele aus (siehe Absatz «Gruppenseele» weiter unten), sodass hier besonders die innere Auseinandersetzung mit der Hoflandschaft vom Tier erlebt wird.

Gelangt die Nahrung erst in den Labmagen und den Dünndarm, wird diese «halbbewusst» von den Tieren durch Empfindungen wahrgenommene Analyse des Futters «unbewusster». Hier werden die Stoffe dann auch zum Teil zu eigenschaftslosen Bausteinen zerlegt, damit sie ins Blut diffundieren können.

Die Auseinandersetzung der Tiere mit den Kräften des Ortes

Nahrungs- und Futtermittel tragen nicht nur einen physischen, substanziell-stofflichen Anteil in sich, sondern sie sind auch Träger von Kräften.

So tragen die Futterpflanzen auch eine sich aus ihrer Art ergebende spezielle Lebenskraft in sich, die sie am Leben hält und vor einem vorzeitigen Verfall bewahrt. Diese Lebenskraft bewirkt auch, wie die Pflanze das Licht verarbeitet und wie die anorganischen Stoffe in das Leben der Pflanze mithilfe des Lichtes eingebaut werden konnten. Sie äußert sich im Strom der Säfte, in der Wachstumskraft und der Vitalität der Pflanzen (ätherisch).

Futterpflanzen zeigen aber auch in ihrer Gestaltung sehr unterschiedliche Formen. Man denke zum Beispiel nur an die verschiedenen Arten der Gräser auf einer Wiese oder an das Winterfutter von Heu und Rüben. Diese der Art entsprechende Formkraft ist für das Tier bei der Auseinandersetzung der Pflanzen in der Verdauung von Bedeutung (astralisch).

Nicht zuletzt sei hier noch als eine Eigenschaft der Pflanzen ihr spezieller Bauplan, die Idee ihrer Gestaltung, ihre stoffliche Zusammensetzung und Struktur genannt, in der sich ihr Wesen auch deutlich aussprechen kann (geistig).

Die Tiere nehmen also nicht nur verschiedene Stoffe mit dem Futter auf, sondern auch die in der Natur wirkenden Geist-, Lebens- und Seelenkräfte.

Die Auseinandersetzung mit den Stoffen und Kräften der Pflanzen eines Hofes in der Verdauung der Tiere wird von ihren Sinnen eng begleitet und seelisch erlebt. Sie wird zu einer inneren Erfahrung und beeinflusst den Aufbau ihrer eigenen Körpersubstanz. Das Tier kann erahnen, welche Kräfte es später für den Aufbau der eigenen Körpersubstanz benötigt. Dieser Prozess, der sich von den Vormägen bis in den Dickdarm erstreckt, wirkt sich auf die Qualität der Produkte, aber auch auf die Qualität des Dunges aus.

Die Auseinandersetzung der Tiere mit den Stoffen des Hofes

Wir wollen hier die Eiweißstoffe und ihre Wirkungen betrachten, die Steiner im dritten Vortrag des Kurses benennt und die uns, bis auf den Schwefel, von der Atmosphäre geschenkt werden. Sie stellen den wichtigsten Teil der Stoffe eines landwirtschaftlichen Betriebes dar. Es handelt sich um den Kohlenstoff, den Stickstoff, den Sauerstoff und den Wasserstoff. Diese Stoffe sind, wie wir im obigen Kapitel über die Stoffe gesehen haben, Träger von Kräften und Qualitäten.

In der Atmosphäre finden wir diese Gase reaktionsarm und relativ träge nebeneinander als Gasgemisch. Durch den Boden und die Pflanzen des Hofes werden diese Stoffe mithilfe der Sonne in das Leben der Erde eingebunden und verlebendigt, und sie können ihre Wirkungen auf die Pflanze so voll entfalten. Sie wirken mit ihren spezifischen Kräften auf die Vegetation ein und formen gemeinsam mit den Wirkungen des Standortes die individuellen Formen der Pflanzen.

Mit dem Weidegang im Sommer und der Futterwerbung für den Winter fahren wir die durch den Standort metamorphosierten, verlebendigten Stoffe der Atmosphäre ein und bieten sie den Tieren als Futter an. Durch die enge Verbindung der Verdauungsorgane der Wiederkäuer mit ihrem Nerven-Sinnes-System werden diese Futterstoffe sehr feinsinnig im Pansen abgetastet, gedrückt, hin- und hergeschleudert und durch die Wärmeentwicklung dort von festen Stoffen, die den Raum erfüllen, zum Teil in weniger feste räumliche Gase umgearbeitet. Diese Gase werden mit dem Aufstoßen beim Wiederkäuen in den Bereich des Kopfes und der Sinne erhoben und steigen, vorbei an den Riechzellen, in die Stirn- und die Kiefernhöhle bis in den Torus und die Hornknochen auf. Es kommt zu einer sehr engen Berührung der Verdauungsgase mit dem Nerven-Sinnes-Bereich der Kühe.

So kommen in den durchlüfteten Schädel der Kohlenstoff über das Methan (CH_4) und das CO_2, der Sauerstoff über den Wasserdampf (H_2O), der Stickstoff über das Lachgas (N_2o), der Wasserstoff über den Wasserdampf und das Methan aus der Verdauung in den Bereich des Kopfes. Jetzt sind diese Stoffe aber vom trägen Luftgas der Atmosphäre über das Mineralische der Erde und das Lebendige der Pflanze bis hin zum Empfindsamen des Tieres metamorphosiert.

Das Rind erlebt nun über die genannten Sinne die Verwandlung des Kohlenstoffes als typischen Erdenstoff über alle genannten Stufen seiner Metamorphose hin an seinem individuellen Standort. Es erlebt, wie der Weltenplastiker seine Imaginationen in den physischen Leib des Standortes inkarniert.

Weiter erlebt es innerlich, wie der Stickstoff als Luftgas in seiner Empfindlichkeit (physischer Träger des Astralischen) die Formen und Farben der Pflanzen geprägt hat und wie er im Boden in Verbindung mit dem Sauerstoff zur treibenden Kraft wird und die Bildung von Eiweißen bewirkt, sodass sich im Boden und in der Pflanze Enzyme bilden, die Träger von lebenswichtigen funktionellen und strukturellen Vorgängen auf dem Hof werden.

Auch die Kräfte des Sauerstoffes (physischer Träger des Ätherischen) am Ort sind in ihren Wirkungen zu erleben: wie er als Erdenbote der Sonne alles auf der Erde bis tief in den Boden hinein belebt und die Wechselwirkungen in der Natur hervorruft.

In der Auseinandersetzung mit dem Wasserstoff (Träger des Geistigen) erlebt das Rind zum einen, wie schnell sich physische Formen auflösen und in die Weiten des Kosmos zurückgeführt werden können. Auf der anderen Seite kann in der Wirkung des Wasserstoffs auch wahrgenommen werden, wie das Wesenhafte aus den Weiten des Kosmos auf die Erde getragen wird, um sich dort zu verkörpern.

Der Schwefel ist kein typisches Luftgas. Er kommt von der Erde und ist bei der Eiweißbildung von großer Bedeutung. In ihm können die Tiere die Wirkungen der universellen Kraft als Vermittler der Gestaltungskraft zwischen dem Geistigen und dem Physischen auf der Welt erfahren.

Die Stoffaufnahme über die Atmung

Die inneren Erlebnisse der Verdauung haben starke Auswirkungen auf das Verhalten, das Empfinden und den Substanzaufbau der Tiere. Aber es ist hier nach meiner Auffassung noch ein weiterer Aspekt von Bedeutung, nämlich die Aufnahme von Stoffen über die Atmung, die rhythmisch erfolgt. Mit den genannten Eiweißstoffen gelangen beim Aufstoßen des Futterbreies auch die Gase CH_4, H_2O, CO_2 und NO_2 in den durchlüfteten Rinderschädel. Dort werden sie von den Geruchsnerven sensorisch geprüft. Von dort aus gelangen sie teilweise mit der Atmung in die Lunge und ins Blut. Mit dem Blut werden sie im ganzen Körper verteilt. So kommt jede Zelle, samt ihrem Zellstoffwechsel und neben der Resorption durch den Stoffwechsel in der Verdauung, auch mit den gasförmigen Ergebnissen der Auseinandersetzung des Tieres mit dem Futter in Berührung. Selbst die Knochen sind stark durchblutet. Feinste Blutgefäße verbinden das Knochenmark direkt mit der Knochenhaut. So wird das Knochenmark gut mit Sauerstoff versorgt. Die Stammzellen im Knochenmark teilen sich und entwickeln die Vorläuferzellen für die Blutbildung. Es werden pro Tag mehrere Milliarden Blutzellen gebildet. Das Blut ist der Träger der Gruppenseele. Diese wirkt weisheitsvoll auf die Instinkte der Tiere ein, die sich entsprechend ihren Gefühlen dem Hofwesen gegenüber verhalten.

Am Ende des zweiten Vortrags des Landwirtschaftlichen Kurses weist Rudolf Steiner darauf hin, dass die Kräfte der sonnenfernen Planeten Mars, Jupiter und Saturn über die Sonne auf die Kopf- und Blutbildung der Tiere einwirken. Die sonnenfernen Planeten vermitteln besonders stark die kosmischen Kräfte der Ordnung, Ruhe und Struktur sowie die Formkräfte. So können die Ergebnisse der kosmisch-qualitativen Analyse auch über die Atmung direkt auf die Gestaltbildung, bis in den Bereich der Knochen, aber auch auf die Bildung des Blutes als Träger der seelisch-geistigen Kräfte der Rinder (zur Gruppenseele siehe unten) einwirken.

Die Gruppenseele

Im Landwirtschaftlichen Kurs weist Rudolf Steiner darauf hin, dass das Gehirn des Menschen die Unterlage für sein Ich ist. Das Tier hat noch nicht das Ich, sein Gehirn befindet sich auf dem Wege zur Ich-Bildung. Daraus ergibt sich, dass jeder Mensch eine individuelle Seele hat, die, eine jede für sich, eine Ich-Wesenheit hat, die auf der Erde inkarniert ist.

Dadurch, dass das sich die Gehirne der Tiere noch auf dem Wege zur Ich-Bildung befinden, können sie auf der Erde keine individuellen Seelen ausbilden, sondern haben eine Gruppenseele und ein Gruppen-Ich. «Alle Tiere, deren Blut man unbeschadet [beim Paaren; Anm. des Verfassers] mischen kann, haben eine gemeinsame Seele, die Gruppenseele.»[44]

Der Mensch, dessen Ich auf der Erde inkarniert ist, kann die Welt bewusst erfassen, sich durch sein Ich selbst Ziele setzen und die Motive für sein eigenes Leben auf der Erde entwickeln.

Anders das Tier: Sein Ich und seine Gruppenseele sind nicht auf der Erde, dem physischen Plan, inkarniert, sondern auf dem Astralplan, der nach Steiner auch die Seelenwelt genannt wird und der an die physische Welt angrenzt. Diese Welt ist nur mit übersinnlichen Fähigkeiten wahrnehmbar. Um ein etwas besseres Verständnis dafür zu gewinnen, was Gruppenseelen sind, kann man folgendes Zitat von Rudolf Steiner sich vor seine Seele stellen: «Der Mensch kann sich zum Verständnis der Gruppenseele erheben, wenn er sich eine Form zu gestalten vermag, die alle einzelnen Löwen enthält, so wie ein allgemeiner Begriff die einzelnen dazugehörigen Gebilde enthält.»[45]

Diese Gruppenseelen wirken wie von außen wie eine geistige Wesenheit auf die Tiere ein und verfügen über eine hohe Weisheit, die sich im Instinkt der Tiere zeigt. Auch hier kann zum besseren Verständnis ein Zitat von Steiner hilfreich sein: «Wenn wir nun in die Umgebung des Menschen schauen, zunächst zur Tierwelt, dann haben wir in der Tierwelt ein Bewusstsein, welches nicht bis zum Denken, bis zu dem Gedankenleben heraufkommt, sondern welches sich eigentlich ausgestaltet in einer Art lebendigen Traumlebens. Wir können uns durch das Studium unseres eigenen Traumlebens eine Vorstellung davon bilden, wie es eigentlich im Seelenleben des Tieres aussieht. Es ist das Seelenleben des Tieres eben durchaus ein Träumen. Daher ist das Seelenleben des Tieres viel mehr tätig am Organismus als das Seelenleben des Menschen, das vom Organismus durch die Helligkeit des Vorstellungslebens viel mehr emanzipiert ist. Das Tier träumt eigentlich. Ein vom hellen Gedankenlichte durchzogenes Seelenleben hat eigentlich das Tier nicht. Was also bei uns vorgeht zwischen dem Ätherleib und dem astralischen Leib, das ist das Wesentliche, was im Tier vorgeht; das bildet das tierische Seelenleben. Und wir können das tierische Leben verstehen, wenn wir es also aus dem Seelenleben hervorgehend vorstellen.»[46]

Die kosmisch-qualitative Analyse, die auf einem Hof mit Tierhaltung sich vollziehen kann, drückt sich nach meiner Auffassung darin aus, dass die Pflanzen eines Hofes durch das Zusammenwirken aller Kräfte des Ortes in ihrem Erscheinungsbild das individuelle Abbild des gesamten Kosmos des Hofes sind. Diese Pflanzensubstanz wird nun von den Tieren gefressen und durch das Tier, seine Verdauung und Sinnestätigkeit in einen analytisch-empfindenden Bereich erhoben. Das Tier wird durch seine Gruppenseele in seinem Instinktwesen empfindend-weisheitsvoll geführt, sodass diese Analyse für die Entwicklung des Hofwesens in jeder Hinsicht förderlich ist. Da das Tier durch seine Instinkte mit der Gruppenseele direkt verbunden ist, kann die Wirkung der Analyse bei einer guten und artgerechten Tierhaltung in der Verdauung und der Substanzbildung der Tiere relativ ungestört zur Geltung kommen und durch den Mist und die Jauche an den Boden, dessen Pflanzen die Tiere fressen, vermittelt werden.

Das Tier, welches das Futter des Hofes zum Fressen bekommt, sorgt durch seine Beziehung zur Gruppenseele (als ordnende Kraft) dafür, dass dieser Hoforganismus sich in sich selbst weisheitsvoll besser erhalten und entwickeln kann. Rudolf Steiner drückt diesen Zusammenhang folgendermaßen aus: «Und was der Mensch nicht vermag der Erde zu geben an geistiger Substanz, vollbringen die wiederkäuenden Tiere, und als ihr Repräsentant die Kuh.»[47]

Die Kuh entwickelt in sich ein empfindendes Bewusstsein vom ganzen Hof. Sie spiegelt die Verhältnisse des Hofes und durchlebt sie innerlich. Es ist wie eine Art verbindendes «Gesamtbewusstsein», welches sich bis in die Bildung ihrer Physis und bis in den Dung und die Bodenzustände hinein spiegelt. Sie reagiert weisheitsvoll (kosmisch) mit ihrem Instinktwesen auf die Zustände des Hofes. Die Bauern, die intensiv mit ihrer Betriebsindividualität verbunden sind, erleben diese auch stark über die Empfindungen und den Willen. Sie können die Verhältnisse und Zustände aber durch ihre Ich-Begabung in sich teilweise bewusst machen und in ihre Pläne und Handlungen einfließen lassen. Hier kann es leicht zu Fehlern kommen, denn der Mensch hat durch seine gewonnene Freiheit und Ich-Entwicklung die Sicherheit, die ihm die Instinkte vermitteln können, verloren. Das Tier, das zwar in seinen Erkenntnismöglichkeiten gegenüber dem Menschen sehr eingeschränkt ist, kann durch die weisheitsvolle Führung der Gruppenseelen nur richtig handeln.

Die Bildung des Dunges in den Därmen

Verfolgt man nun die Verdauung der Wiederkäuer über die Vormägen hinaus, so gelangt der Futterbrei von den Vormägen in den Labmagen.

Im Labmagen der Wiederkäuer beginnt die eigentliche Verdauung, wie man sie auch von Tieren mit einem einhöhligen Magen kennt. Der Labmagen der Wiederkäuer ist im Vergleich zu Tieren mit einem einhöhligen Magen, aber auch im Vergleich mit den Vormägen des Rindes

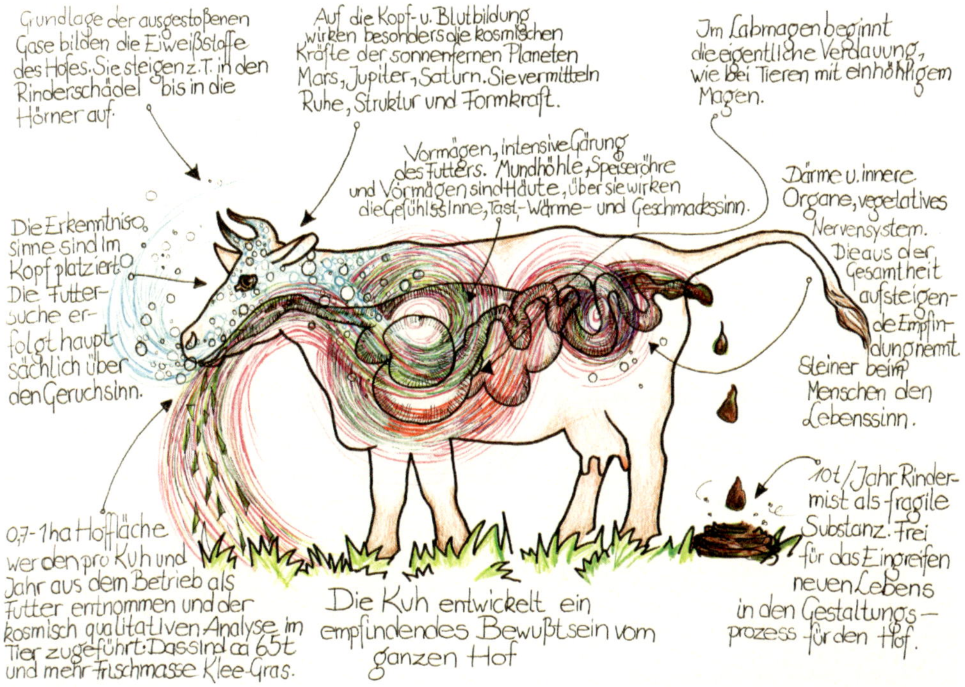

Bild 5: Die Kuh entwickelt ein empfindendes Bewusstsein vom ganzen Hof

und den später folgenden Därmen, klein. Er hat eine geringere Speicherkapazität, denn bei den Wiederkäuern wird das Futter durch die Hauben-Psalter-Öffnung wohldosiert dem Labmagen zugeführt. Er produziert Salzsäure, sodass in ihm, im Gegensatz zum Pansen mit seinen schwach sauren Verhältnissen (pH 6–7,5), eine saure Reaktion (pH 2–4) vorherrscht. Durch die sauren Verhältnisse im Labmagen werden Pansenbakterien zum Teil getötet. Ein großer Teil überlebt aber auch die Magenpassage und gelangt in den Darm. Krankmachende Keime werden weitgehend im Darm abgetötet. Damit endet die Wirksamkeit des Mikrobioms der Vormägen und die Gärungsvorgänge gehen zu Ende. Es tritt nun ein Abschnitt in der Verdauung der Wiederkäuer ein, der keinen direkten Bezug mehr zu der oben dargelegten Auseinandersetzung der sechs genannten Sinne mit den Wirkensprinzipien der Vormägen zeigt. Im Vergleich mit Allesfressern und Fleischfressern ist der Grad der Säure im Labmagen bei den Wiederkäuern noch mild. Der Labmagen der Wiederkäuer ist in seiner gesamten Innenfläche mit einer Drüsenschleimhaut ausgekleidet, die auch Sekrete ausscheidet. Durch diese Sekretion wird die Eigenverdauung der Magenwände verhindert.

In den Vormägen wurden zur Zerlegung der Stoffe keine körpereigenen Enzyme eingesetzt, sondern sie erfolgte durch die Tätigkeit der Mikroorganismen. Die im Labmagen stattfindende Spaltung der Kohlehydrate wird mithilfe von Enzymen, die im Futter selbst enthalten sind (z.B. die Diastase aus den Getreidekörnern), vorgenommen. Diese Spaltung findet aber nur am drüsenlosen Eingang zum Labmagen statt und wird später durch die Magensäure unterbunden. Die Zerlegung der Eiweiße mithilfe des Pepsins beginnt im Labmagen. Das Pepsin wird durch die Magensäure aktiviert. Im Labmagen findet eine Art weitere Vorverdauung statt, die in den Därmen fortgesetzt wird.

Die Verdauung im Darm

Im Inneren des Dünndarms sind zahlreiche Drüsen, die Sekrete in den Darmsaft absondern. Dadurch entwickelt sich rasch eine schwach alkalische bzw. neutrale Reaktion, denn die Sekrete der Darmschleimhäute bestehen aus den basischen Flüssigkeiten Natriumcarbonat und Natriumbicarbonat. Weiter wirken hier die Sekrete der Bauchspeicheldrüse und der Galle ein und bewirken, dass am Ende des Dünndarms die Nährstoffe des Nahrungsbreies weitgehend in eigenschaftslose Bausteine zerlegt sind und dadurch in das Blut diffundieren können. Deutlich wird die Verdauungsleistung der Wiederkäuer aber auch daran, dass sie als Pflanzenfresser einen besonders langen Darmbereich von 33 bis 63 m Länge haben, um den hohen Rohfaseranteil im Futter verdauen zu können. Der Darm des Menschen ist 7–9 m lang und der der Schweine 20–27 m. Aber nicht nur die Darmlänge ist bei den Wiederkäuern von Bedeutung. Durch die zahlreichen Faltungen des Darms und durch die Darmzotten wird die Oberfläche des Dünndarms enorm vergrößert. Würde man z.B. beim Menschen die Faltungen und die Darmzotten glattstreichen, so würde sich der Darm auf eine Länge von 7 Kilometer verlängern, oder die Oberfläche des menschlichen Darms würde sich auf 300 bis 400 qm ausweiten. Man kann sagen, dass der Mensch und die Tiere sich im Darm innerlich selbst vergrößern, während die fremden Stoffe, die sie mit der Nahrung aufgenommen haben, enorm verkleinert worden sind. Das macht den Darm zum größten sensorischen Organ des Körpers, welches mithilfe des Nervensystems über seine riesige Oberfläche Informationen aufnimmt. Hier werden die Wirkungen des Futterbreies wahrgenommen, der Kontakt mit dem Immunsystem gepflegt und die Hormontätigkeit entwickelt. Von besonderer Bedeutung ist hier das Mikrobiom des Darms, welches heute als ein eigenes Organ verstanden wird. Dieses Mikrobiom von Tieren hat sich im Darm eigenständig entwickelt und verändert sich nur wenig. Durch den Einsatz der verschiedenen Futtermittel wird es moduliert. Die Nerven sind sehr eng mit dem Mikrobiom verbunden und nehmen die Kräfte und die Zustände, die dort walten, wahr. Viele dieser Botschaften werden über das Rückenmark dem Gehirn zugeführt. Das Mikrobiom ist sehr eng mit dem Lebensleib und dem Seelenleib der Tiere verbunden. Veränderungen in der Fütterung und der Haltung der Tiere haben direkten Einfluss auf das seelische Befinden der Tiere. Während die Wirkung des Mikrobioms in den Vormägen durch die starke Gärung als explosiv (ähnlich einem Vulkan) anzusehen ist, wirkt das Mikrobiom im Darm eher ruhig. In den Vormägen findet eine Auseinandersetzung des Tieres mit dem Futterbrei und den nach außen gerichteten Sinnen statt, die beim Menschen als Erkenntnissinne bezeichnet werden. In den Därmen kommt der Nahrungsbrei intensiv, aber weniger bewusst mit dem vegetativen Nervensystem in Berührung (siehe Lebenssinn weiter unten).

Am Ende der Darmverdauung zum Übergang in den Dickdarm findet bei den Wiederkäuern, anders als bei vielen anderen Lebewesen, keine oder nur eine sehr geringe Gärung und Fäulnisbildung statt, denn diese ist bereits in den Vormägen erfolgt. Dadurch ist der Dickdarm bei Wiederkäuern auch anders beschaffen als bei anderen Lebewesen. Im Dickdarm der Wiederkäuer herrscht eine milde Atmosphäre vor, und es werden vor allem das Wasser, aber auch noch restliche Nährstoffe aus der Darmmasse resorbiert. Gleichzeitig wird aber weiterhin Darmschleimhaut abgestoßen und dem Darminhalt beigemischt. So wird der Mist gleitfähig.

Zusammenfassend kann gesagt werden, dass die Verdauung der Wiederkäuer, aber vor allem diejenige der Rinder, sich im Darm durch ihren milden Verlauf auszeichnet. Das kommt auch durch die starke Bildung von Sekreten der Tiere, die sie in den Verdauungsprozess eingeben. Schon im Maul, aber auch in den Vormägen herrscht durch die hohe Speichelbildung nur eine schwach saure Reaktion vor. Im Labmagen findet man zwar saure Bedingungen, die aber im Vergleich mit anderen Tieren eben doch als milder zu betrachten sind. Im gesamten Darmbereich zeigt sich dann wieder eine neutrale bis schwach alkalische Reaktion. Hier werden schleimige Sekrete von der Leber und der Bauchspeicheldrüse in den Darm abgesondert, und die Darmschleimhäute erneuern ihre oberste Schicht fast täglich, geben also Sekret ab. Dadurch schützen sie auch die Zotten vor Verletzungen. Im hinteren Teil der Verdauung kommt es bei den Wiederkäuern nicht zu einer Fäulnisbildung wie z.B. beim Pferd. So bildet sich die auszuscheidende Darmmasse beim Rind als eine milde, schleimdurchsetzte Substanz aus.

Der Lebens- oder Eingeweidesinn

Die Auseinandersetzung der Sinne des Tier es mit dem Futter in den Verdauungsorganen, die den Vormägen nachgelagert sind, findet viel «unbewusster» und ruhiger statt als in den Vormägen.

Alle inneren Organe und Gewebe des Körpers sind mit einem feinen Netz von Nerven durchzogen, die auch eng mit dem Mikrobiom des Darmes verbunden sind. Diese Organe haben verschiedene Sinnesorgane (Rezeptoren), und die Erregungen werden zum Teil lokal verarbeitet, aber auch über das Rückenmark dem Gehirn zugeleitet. Dieses vegetative Nervensystem zeigt seine Wirkung in allen Vitalfunktionen des Körpers, wie bei der Atmung, bei der Regulierung des Blutdrucks, bei der Regelung des osmotischen Gewebedrucks, bei der Verdauung, bis hinein in den Stoffwechsel. Es wirkt völlig unbewusst und äußert sich lediglich in allgemeinen Empfindungen wie Hunger, Durst, Völlegefühl, Harn- und Stuhldrang, Wohlfühlen oder Unwohlfühlen. Innerhalb der Gewebe und Organe ist der Informationsaustausch zwischen den verschiedenen Rezeptoren umfänglich und hoch differenziert. Das vegetative Nervensystem hat gegenüber den übergeordneten Steuerungszentren eine große funktionelle Selbstständigkeit. Würde man sämtliche Nervenzellen mit Fortsätzen auf eine Waage legen, so ergäbe sich in etwa das gleiche Gewicht wie beim Gehirn. Diese Tatsache macht auch die funktionelle Polarität zwischen den beiden Nervensystemen deutlich.

Die aus der Gesamtheit der Organe aufsteigenden Empfindungen hat Rudolf Steiner für den Menschen als den Lebenssinn bezeichnet. Dieser Sinn vermittelt das allgemeine Lebensgefühl.

Das vegetative Nervensystem befindet sich in enger Korrespondenz mit dem Lebensleib und der Gruppenseele (Astralleib) der Tiere und wirkt bis hinein in ihr Lebensgefühl. So hat es einen enormen Einfluss auf die Substanzbildung im Darm und auf die Qualität des Mistes. Das Erleben und Empfinden der Tiere bekommt so einen qualitativen Charakter. Als Bauern können wir auf diesen noch unbewussteren Bereich ihrer Wesenheit durch die Beachtung des Rhythmus der Tiere, durch die Art der Fütterung, durch die Haltung, durch Beziehungspflege wie regelmäßige positive Berührung, durch das Sprechen mit den Tieren und einen allgemeinen ruhigen Umgang positiv einwirken.

Die Substanz im Dickdarm

Die Analyse von reinem Rinderkot (die Probe stammte von trocken stehenden Kühen vom Hof Sophienlust) ohne Urin und Stroh zeigt, dass als Abschluss ihres Verdauungssystems eine besondere Substanz gebildet worden ist. Sie ist reich an unverdauten Resten von kleinen Pflanzenfasern und weist einen Anteil von 86,6 % an organischer Substanz in der TM auf. Weiter hat sie einen hohen N- Gehalt von ca. 2,58 % in der TM. Dieser Stickstoff liegt zum großen Teil in hochwertigen Aminosäuren und Eiweißen vor. Daraus ergibt sich ein C:N-Verhältnis von 19:1. Der pH-Wert ist schwach sauer und liegt bei 6,5.

Diese Substanz aus dem Darm der Rinder ist durch den Verdauungsprozess von ihren ursprünglichen Lebens- und Formkräften und ihrer geistigen Ordnung, die sie als Futterpflanzen noch hatten, weitgehend befreit. Alle Stoffe, auch die Eiweißstoffe des Hofes C, N, O, H und S, sind durch den Verdauungsprozess der Rinder/Tiere aus ihren früheren physischen Verbindungen herausgelöst und liegen zum großen Teil in mineralischer Form vor. Sie sind auf dem Wege, als Stoffe wieder selbstständig zu werden, und die von ihnen getragenen Kräfte können sich auf neue Beziehungen einlassen und in ihnen ihre Wirkungen entfalten. Rudolf Steiner beschreibt es am Ende des vierten Vortrages des Kurses folgendermaßen: Das Futter habe durch die Verdauung der Tiere seine ursprüngliche Form verloren; es sei in einer gewissen Beziehung in Zersetzung, in Auflösung begriffen. «Aber am besten ist es, wenn es eben in dem Punkte ist, wo es durch sein eigenes Ätherisches und Astralisches in Auflösung begriffen ist.» Es beginnt sich hier eine Art von Chaos im Mist zu bilden. Durch diese Tatsache entsteht ein Zustand, bei dem die Darmsubstanz (Mist) für das Eingreifen von neuen Lebenskräften frei wird. So bildet sich die Möglichkeit, dass neue Lebens- und Gestaltungskräfte sie ergreifen und umbilden können. Es werden hier die Grundlagen für neue, weitere Entwicklungen des Hofes geschaffen. Diese Substanz bildet durch ihre besondere Zusammensetzung die beste Grundlage für die Entwicklung des Mikrobioms des Bodens und somit für die Boden- und Humusbildung. Dadurch kann sie zum Aufbau einer langfristigen Bodenfruchtbarkeit der landwirtschaftlichen Individualität fundamental beitragen.

Man kann sagen, dass als Abschluss dieser kosmisch-qualitativen Analyse der Pflanzen und Stoffe des Hofes im Darm der Rinder eine Substanz ihre Veranlagung gefunden hat, die die spätere Bildung von milden Kalkhumaten im Boden sehr begünstigt. Humate sind Salze der Huminsäure. Geht Huminsäure eine Verbindung mit Calcium ein, so bilden sich milde Kalkhumate, die einen sehr positiven Einfluss auf die Bodenbildung und damit auf die Bodenfruchtbarkeit haben. Es ist anzunehmen und zum Teil auch bereits wissenschaftlich belegt, dass die Wiederkäuer, wenn sich ihr Verdauungssystem mit hofeigenem Futter auseinandersetzen kann, einen Mist liefern, der besonders leicht von den hofeigenen Flächen und deren Mikrobiom aufgenommen und verarbeitet werden kann (Home Field Advantage).[48]

Vorbemerkung zur sechsten Übung

Wir konnten sehen, mit welcher großen Empfindsamkeit die Rinder die Futtermittel durch ihre Veranlagung als Wiederkäuer bearbeiten können und was für eine besondere Substanz der Mist, der hinten herausfällt, sein kann. Unser Anteil als Bauern daran ist, durch eine artgerechte Haltung und intensive Zuwendung zu den Tieren dafür zu sorgen, dass die Rinder ihre Verdauungsaufgabe, neben ihrer Leistung, gut erfüllen können. Es stellt sich aber auch die Frage nach dem Futter und seiner Qualität. Welches Futter bringt welche Mistqualität, und welche Mistqualität ist am empfänglichsten, um die Ich-Anlage, die das Tier in ihm hinterlässt, aufzunehmen und später der Pflanzenwurzel zu vermitteln? Diese Fragen sind natürlich sehr schwer zu beantworten, aber es ist möglich, durch Beobachtung, inneres Bedenken und unterstützende wissenschaftliche Untersuchungen sich einem besseren Verständnis anzunähern.

Es ist bekannt, dass unterschiedliches Futter zu unterschiedlichen Qualitäten beim Mist führen kann.

Ein Beispiel aus der Forschung von Jochen Bockemühl[49]: «Wir wissen, dass das Gras, welches die Tiere fressen, großen Einfluss auf die Qualität des Mistes hat. Junges, wenig strukturiertes, eiweißreiches Gras führt zu flüssig-plastischem Mist mit weniger Formkraft. Die Dauer des Aufenthaltes im Verdauungstrakt des Rindes ist relativ kurz. Beim

Füttern mit altem Gras mit viel Struktur und wenig Eiweiß ist der Mist eher von geformter Beschaffenheit. Die Dauer des Aufenthaltes im Verdauungstrakt ist länger.»

Bei der Kompostierung von Gräsern in verschiedenen Entwicklungsstadien zeigen sich nun ähnliche Eigenschaften wie bei der Fütterung der Rinder.

Die beiden Qualitäten des Grases, die sich deutlich in der Form des Mistes wahrnehmen lassen, kann man auch bei der Kompostierung von jungem, frischem Gras und altem, überständigem Gras wiederfinden. Der Rotteprozess bei jungem Gras verläuft eher heiß, die Abbauprozesse verlaufen schnell und man muss aufpassen, dass der Kompost nicht zu glitschig wird. Beim Kompost aus altem Gras sind die Abbauprozesse träge, er hält an seiner Struktur fest und man muss ihn vielleicht sogar anfeuchten, um den Abbau zu befördern.

Die Erscheinungen, die sich bei der Kompostierung als Wirkung der verschiedenen Gräser zeigen, findet man auch am Wuchs der Pflanzen wieder. Die Pflanzen, die mit jungem Gras gedüngt wurden, zeigten einen lebendigen Charakter und eine reichere Blütenfülle. Die Pflanzen, die mit Kompost von altem Gras gedüngt wurden, erschienen schon im Jugendstadium alt. Bald nach dem Keimen zeigten sie Alterserscheinungen wie welkende Blätter und langsameres Wachstum.

Es ist zu bemerken, dass die unterschiedlichen Qualitäten des Grases sich am Verlauf der Kompostierung und dem gedüngten Boden bis hin zu verschiedenen Erscheinungen an den Pflanzen und deren physischen Formen erkennen lassen.

Sechste Übung

Beachte die Futtermittel deines Hofes in der Qualität und in der zur Verfügung stehenden Menge im Hinblick auf die oben dargelegten Zusammenhänge.

Achte auf die unterschiedlichen Mistqualitäten, die sich aus der Fütterung im Jahreslauf ergeben.

Mache dir Gedanken zur Pflege des Mistes.

Achte auf die Wirkung der Kompostpräparate.

Übe, deinen Sinn zu stärken für die feinen Wirkungen von verschiedenen Mist- und Kompostqualitäten, und zwar vom Futter über den Mist, den Rotteverlauf und den gedüngten Boden bis zur dann folgenden Entwicklung der Pflanze.

Wenn du alles durchdacht hast, erhebe es in den seelischen Resonanzraum und schaue, was sich ergibt.

Diese Übung kann durch das Lesen der folgenden Abschnitte in einen größeren Zusammenhang gestellt werden:

Der quantitative Aspekt – Der qualitative Aspekt – Lebensäther – Klang-, chemischer oder Zahlenäther – die Absätze über das Ich.

Chaos und Kosmos

Die Begriffe «Kosmos» und «Chaos» werden von Rudolf Steiner im Landwirtschaftlichen Kurs einige Male gebraucht. Gerade für die nun folgenden Absätze ist es wichtig zu klären, was damit gemeint sein könnte.

Kosmos und Chaos stehen in einem unmittelbaren Bezug zueinander. Der Begriff «Kosmos» umfasst Ordnung, Weltenordnung, aber auch Schönheit und Glanz. Der Begriff «Chaos» meint das Ungeordnete, den leeren Raum, aber auch den Urzustand der Welt.

Mit dem Begriff «Kosmos» wird ausgedrückt, dass es eine höhere Ordnung gibt, die sich auf der Erde verkörpern kann und mit ihren Kräften die Weltgesetzlichkeiten bis in die Ausgestaltung des Physischen hinein formgebend und ordnend prägen kann. Der Begriff «Kosmos» ist der Inbegriff der geschaffenen Welt. Rudolf Steiner bezeichnet diese Kräfte auch als Universal- oder Umkreiskräfte. Diese Kräfte wirken aus dem Weltenäther, der Träger der Weltgedanken ist und die Erde umgibt.

Das Chaos bildet sich überall dort, wo sich neue Substanz bilden soll. Das Chaos ist also die Voraussetzung dafür, dass eine Neuschöpfung möglich wird. Alte Strukturen weichen, und je chaotischer die Zustände sind, umso tiefgreifender vermögen die Lebenskräfte in die Stoffe einzugreifen. Ist das Chaos eingetreten, so können neue ätherische Bildekräfte sich in die Substanz einspannen, das Ungeformte wird dann geformt.

Bei dem Verwesen von Lebewesen zieht sich in der Chaosbildung die geistige Substanz aus der äußeren Erscheinung zurück und geht in ein rein geistiges Dasein über, die alte Form wird aufgelöst. Dabei zerfällt die physische Substanz komplett, wird wieder der Erde eingegliedert. Das Chaos kann also beim Absterben von Wesen ein Ort der Zerstörung sein, aber eben, wie in der Samenbildung auch, gleichzeitig einen Ort des schöpferischen Neubeginns darstellen.

Bild 6: Chaos und Kosmos – vom Kuhfladen zum Komposthaufen

Die besondere Wirkung des Mistes

Aussage von Steiner am Ende des zweiten Vortrages: «[…] dass, wenn man das richtige Maß von Kühen, Pferden und anderen Tieren auf irgendeiner Landwirtschaft hat, diese Tiere alle miteinander gerade so viel Mist geben, als man braucht für die Landwirtschaft, um dem Chaosgewordenen noch etwas dazuzusetzen.»[50]

Diese Aussage von Rudolf Steiner hat zunächst auch einen quantitativen Charakter. Es geht, wenn man die Textstelle vollständig liest, um die Anzahl der Tiere auf der Hoffläche, um das richtige Verhältnis der Tierarten zueinander und um eine ordentliche Versorgung der Flächen mit Mist.

Zuvor wurde aber – in der Mitte des zweiten Vortrages – deutlich auf die Beziehung zwischen den kosmischen und den irdischen Kräften der Pflanze hingewiesen. Dort wird die Bedeutung des Irdischen gegenüber den wuchernden Kräften bei der keimenden Pflanze betont. So hat diese Aussage auch eine qualitative Bedeutung.

Steiner schildert hier, wie bei der Bildung von Samen die Pflanze mit zunehmender Entwicklung des Aufbaues ihren Organismus zu höchster Komplexität treibt. Dann verfällt der Same in ein kleines Chaos (Weltenstaub), und in dieser Situation kann sich der ganze Kosmos aus einer gewissen Weltenlage heraus in den Samen einprägen, sodass im Falle der neuen Aussaat aus einem Löwenzahn nicht eine Berberitze werden kann. Das Chaos im Samen ist also die Voraussetzung, damit der Kosmos sich von einer bestimmten Weltenlage her in ihm abdrücken kann. Wenn also der Kosmos im Samen zur Wirkung gebracht werden soll, dann muss nach Steiner das Irdische (im Samen) möglichst stark ins Chaos getrieben werden. Für das Pflanzenwachstum besorgt das die Natur in einer gewissen Beziehung schon selbst, aber wir (Bauern und Gärtner) müssen durch gewisse Maßnahmen das Kosmische in der Pflanze, welches durch den Samen geprägt wird, so lange in ihr erhalten, bis es wiederum zu einer neuen Samenbildung bei der Pflanze kommt.

Wenn nun der Same in die Erde kommt, dann wirkt das «Äußere der Erde» so stark auf ihn ein, dass er von der Sehnsucht durchdrungen ist, das Kosmische zu verleugnen, zu wuchern, nach allen möglichen Richtungen hin auszuwachsen. Dasjenige, was über der Erde lebt, will diese Formen nicht festhalten.

Was könnte mit dem Äußeren der Erde in diesem Zusammenhang gemeint sein?

Über der Erde wirkt das Ätherische, und das hat die Eigenart, das Physische aus dem Raum herauszubringen, zu vernichten. Rudolf Steiner spricht über die auflösende Kraft des Äthers in GA 306 Folgendes aus: «Da muss man schon wissen, dass der Äther die von dem Druck entgegengesetzte Eigenschaft hat. Er saugt nämlich, der Äther ist der Saugende. Er will durch seine eigene Wesenheit immer die räumliche Materie aus dem Raume heraus vernichten. Das ist das Wesentliche des Äthers. Wo die physische Materie drückt, da saugt der Äther. Die physische Materie erfüllt den Raum, der Äther schafft die Materie aus dem

Raum heraus. Er ist nämlich die negative Materie, aber qualitativ negativ, nicht quantitativ.»[51]

Ist der Samen einer Pflanze mit seiner kosmischen Prägung in den Boden ausgesät, so kann die Konstellation darin wirken und er bekommt eine bestimmte Form. Wenn sich nun die ersten Pflanzenanlagen und Sprossen der Pflanze entwickeln, dann beginnt das Ätherische, das Äußere der Erde, in aller Stärke zu ziehen und zu saugen, und die jungen Pflanzen werden dadurch zu formlosem, ungezügeltem Wachstum angeregt. Die Formkräfte der kosmischen Konstellation im Samen könnten offensichtlich gegenüber diesen Wachstumskräften an Einfluss verlieren. Dieser Entwicklung können wir dadurch entgegenwirken, dass wir das Irdische gegenüber dem Kosmischen stärken. Wir müssen die Pflanze der Erde annähern in ihrem Wachstum. Nun weist Rudolf Steiner darauf hin, dass das noch nicht bis zum vollen Chaos Gekommene der Pflanze, also die Reste der organischen Substanz der Pflanze, die nicht Samen sind, die aber das auf der Erde befindliche Leben ausmachen, in das Pflanzenleben hineingebracht werden müssen. Dadurch stärken wir das Irdische in der Pflanze und weisen das Äußere der Erde (in diesem Fall die saugenden ätherischen Kräfte) zurück. Das Kosmische wirkt dann in dem Strom, der wiederum über den Stängel hinaufgeht bis zur Samenbildung, während in der Blatt- und Blütenentfaltung vorwiegend das Irdische wirken kann.

Die nicht zum Chaos gekommene Pflanzenmasse (hier nach Steiner: das Irdische) soll verstärkt in den Boden eingebracht, bzw. die vorhandene organische Substanz muss aktiviert werden. Dort, wo wir das Kosmische besonders zur Wirkung bringen wollen, müssen wir das Irdische im Samen stark ins Chaos treiben. Dann kommt der Hinweis, dass der Mensch im Grunde dasjenige, was die Erde an Fruchtbarkeit leisten kann durch eine natürliche Humusbildung, künstlich nur mangelhaft ersetzen kann. Man könnte daraus zum einen schließen, dass die Reste des Pflanzenwachstums nicht ausreichend Irdisches liefern können, damit die kosmischen Kräfte im Samen lange genug erhalten werden können, bis es zu einer neuen Samenbildung der Pflanze kommt. Es kann also ein Hinweis darauf sein, dass die organischen Reste der Pflanzen im Boden nicht ausreichen, um genügend Irdisches der Pflanze geben zu können, damit sie das Kosmische nicht verleugnen kann. So könnten mithilfe des Dunges der Tiere die irdischen Kräfte zusätzlich gestärkt und so dem Chaosgewordenen noch etwas hinzugesetzt werden (Aussage am Ende des zweiten Vortrages). Man kann aber auch daraus schließen, dass mit den damals üblichen Landbaumethoden das vorhandene Irdische nicht ausreichte und bestimmte Maßnahmen notwendig sind, um die Bildung und Aktivierung der organischen Substanz in den Böden zu fördern. Dafür würde sprechen, dass die Humusgehalte der Böden nach der Umstellung auf die biodynamische Anbauweise nicht selten nur wenig zunehmen, dass aber eine Steigerung der Bodenfruchtbarkeit deutlich zu bemerken ist. Das heißt, dass die Aktivität der Böden gesteigert werden muss.

Eine ausreichende und aktive organische Substanz im Boden fördert nach Steiner die Ausfüllung der Blätter und der Blüte und macht die Pflanzenteile dick, füllt sie mit irdischer Materie. Es wirken hier die irdischen Zentralkräfte.

Der Samen aber, der seine ganze Kraft durch den Stängel, in vertikaler Richtung nach oben zur zukünftigen Samenbildung hin, nicht im Umkreis entwickelt, der durchstrahlt das Pflanzenblatt und die Pflanzenblüte mit der Kraft des Kosmos. Das kann man daran sehen, dass die Pflanzenblätter in ihrer Form, in ihrer Dicke und in ihrer grünen Farbe Irdisches an sich tragen. Sie würden aber nicht grün sein, wenn nicht in ihnen die kosmische Kraft der Sonne lebte.

Bild 7: Durch Mist wird das Irdische verstärkt und hilft der Pflanze, ihre Form zu entwickeln

Zusammenfassung

Durch die Samenbildung an der reifenden Pflanze erhält der Samen nach der Chaosbildung seine kosmischen Prägungen. Diese Prägungen können bei der landwirtschaftlichen Nutzung verloren gehen, wenn die Pflanze nach der Aussaat und dem Keimen den saugenden Kräften des Äußeren der Erde (Ätherkräfte) zu stark ausgesetzt ist. Durch den Einsatz organischer Pflanzensubstanz, die sich noch nicht bis ins vollkommene Chaos entwickelt hat, können wir darauf hinwirken, dass sich die Pflanze durch die kosmischen Kräfte vom Samen aus durch den Stängel auf ihre vertikale Richtung konzentriert. Von dieser Bewegung aus durchstrahlt sie die Blätter und die Blüten mit kosmischen Kräften.

Haben wir ausreichend organische Substanz im Boden, die auch aktiv ist, dann erhält die Pflanze auch genügend Salze aus der Erde, und die Wirkungen der kosmischen Kräfte im Samen finden ausreichend Pflanzenmasse, um ihre Impulse in die wachsende Pflanze hineinzutragen. Das Kosmische in der Pflanze kann dann nicht mehr verleugnet werden. Wir bringen das Irdische an die Pflanze heran, wir nähern die Pflanze der Erde an und schaffen so ein Gegengewicht gegen die saugenden Ätherkräfte.

Wir vermitteln der Pflanze, damit sie ihren kosmischen Impuls aus dem Samen in die Formbildung tragen kann, einen ausreichenden Zugang zu den raumerfüllenden Kräften der Materie, den Zentralkräften, die der Schwerkraft unterliegen. Dadurch können wir dazu beitragen, das Kosmische so lange in der Pflanze zu erhalten, bis es wieder zu einer neuen Samenbildung kommt. So wird ein Gegengewicht geschaffen zu den saugenden, raumentleerenden Kräften des Ätherischen, der «negativen Materie», die durch die Leichte aus dem kosmischen Umkreis einstrahlt. Es geht hier auch um das Wechselspiel zwischen Schwere (Stoff) und Leichte (ätherische Kräfte) und darum, wie die Pflanze zwischen diesen Kräften ihre kosmische Form am besten finden kann.

Was setzen wir durch den Mist, der durch die kosmisch-qualitative Analyse der Tiere gegangen ist, dem Chaosgewordenen noch hinzu?

Der quantitative Aspekt

Es muss also unser Bestreben als Bauern sein, durch die Gestaltung unserer Fruchtfolge so viel organische Substanz durch die Pflanzen in den Boden zu bringen, dass wir der nach Steiner mangelhaften künstlichen Humusbildung, die durch den Menschen vorgenommen wird, entgegenwirken. Das kann man am besten durch den Anbau von mehrjährigen Futterleguminosen-Gemengen erreichen, denn diese haben vor allem einen hohen Anteil an Wurzelrückständen, die den Aufbau von Humus im Boden besonders fördern. Kombiniert man aber den Anbau dieser Leguminosen mit einem ausreichend starken Viehbesatz und einer richtigen Auswahl an verschiedenen Tierarten, so zeigen viele wissenschaftliche Untersuchungen, dass die Bildung von Humus besonders erfolgreich sein kann. Hier zeigt die Kombination von Rinderhaltung und Leguminosenanbau die besten Erfolge. So kann es gelingen, wenn man einen genügend starken Viehbesatz hat, mit ausreichenden Mistmengen dem Chaosgewordenen noch etwas hinzuzusetzen.

Der qualitative Aspekt

Wir haben oben dargelegt, wie die Substanz aus dem Dickdarm der Tiere, wenn sie ausgeschieden wird, eine Art Vakuum an Lebens-, Form- und Geisteskräften aufweist und wie die Stoffe aus ihren bisherigen Verbindungen freigeworden sind. Die Darmsubstanz befindet sich in Zersetzung und Auflösung, hin zum Chaos. Das heißt, dass das Mikrobiom des Darmes der Rinder nicht in der Lage ist, die Darmsubstanz so vorzubereiten, dass sie als solche einen direkten qualitativen Aufbau im Boden oder in der Pflanze bewirken kann. Trotzdem trägt diese Darmsubstanz durch ihre Zusammensetzung und ihre Entstehung ein ungeheures Potenzial zur Bodenentwicklung in sich. Kommt diese Darmsubstanz mit Stroh als Einstreu im Stall zusammen, so entwickelt sich zunächst das C/N-Verhältnis durch den hohen C-Gehalt des Strohes auseinander. In der Rottephase des Mistes kann sich nun diese Darmsubstanz bei richtiger Behandlung stabilisieren und zeigt nach der Rotte deutlich andere Eigenschaften als der Frischmist zuvor. Man hat den Eindruck, dass neue Lebens-, Form- und Geisteskräfte die Substanz im Rotteprozess ergreifen konnten und dass der Mist dadurch förderlicher für die Bodenentwicklung werden konnte. Für die Darmsubstanz des Rindes/Tieres bedeutet das Zusammentreffen mit dem Stroh beim Einstreuen der Tiere eine erneute Begegnung mit dem Kohlenstoff des Hofes, der durch die individuellen Kräfte des Ortes in seiner Substanz geprägt und gebildet worden ist. Dieser Kohlenstoff bietet nun wiederum das Gerüst für die in Zersetzung und in Auflösung begriffene Darmsubstanz und schafft so die Bahnen, auf denen sich das Geistige (das Ätherische und Astralische) im Hoforganismus (Hofindividualität) bewegen kann.

Der Mist von Wiederkäuern, vor allem von Rindern, zeigt beim Einsatz in der Düngung aber noch entscheidende Qualitätsmerkmale, die nicht nur die Humusmenge im Boden positiv beeinflussen können, sondern auch auf die Eigenschaften der Böden entscheidenden Einfluss haben. Da ist zunächst der hohe Anteil an Aminosäuren im Mist, die hauptsächlich in den Humus des Bodens eingebaut werden und dann durch langsame Mineralisierung eine nachhaltige Fruchtbarkeit mit sich bringen.

Rindermist trägt dazu bei, dass sich im Boden großkrümelige Bodenaggregate bilden, welche eine stark bodenaufbauende Wirkung haben. Durch ihren Aufbaustoffwechsel können verstärkt die wichtigen Eiweiße – und damit auch Stickstoff –, die dem Boden mit dem Rottemist und den Wurzelrückständen zugeführt werden, in den Humus eingebaut werden. Es wird weniger veratmet, es gibt mehr Substanzaufbau und die Bodenfruchtbarkeit kann gesteigert werden. Durch den Einsatz von Rindermist wird der Bodenstoffwechsel positiv verändert. Der Einsatz von mineralischem Dünger fördert die Bildung von kleinkrümeligen Bodenaggregaten, die eher dem Abbau dienen und Substanz veratmen.

Weiter wurde mehrfach in Versuchen nachgewiesen, dass der Einsatz von Rindermist die mikrobielle Biomasse und die Enzymaktivitäten im Boden steigert, was auf die erhöhte mikrobielle Funktion im Boden hinweist und die Dynamik auch in der Umsetzung von Nährstoffen im Boden steigert. Als ein Beispiel kann hier genannt werden, dass durch regelmäßige Rindermistdüngung der Gehalt an löslichen Phosphaten im Boden gesteigert werden kann, und zwar über die mit der Rindermistdüngung verbundene Erhöhung des Phosphorgehaltes hinaus. Durch regelmäßige Rindermistdüngung wird die Aktivität der Phosphatase (ein Phosphor lösendes Enzym) gesteigert. Eine weitere Steigerung der Phosphatase-Aktivitäten kann durch den Einsatz der Kompostpräparate erzielt werden. Sie erhöhen die Phosphatase-Aktivität. So zeigte sich der Phosphorumsatz bei der organischen Variante gegenüber der ungedüngten Fläche dreimal höher, die biodynamische Variante um viereinhalbmal höher. Das bedeutet, dass der Phosphorumsatz in der biodynamischen Variante viereinhalbmal schneller ergänzt wird als bei der ungedüngten Fläche (Bachinger 1996, Mäder et al., DOK-Versuch).[52]

Es gibt viele weitere physikalische Eigenschaften des Bodens, die durch Rindermist verbessert werden, hier aber nicht alle besprochen werden können: bessere Wasserhaltekraft, besseres Nährstoffhaltevermögen, bessere Durchlüftung usw. Alle diese Wirkungen des Rindermistes können durch den Einsatz der Präparate noch eine Stärkung erfahren.

Jeder Praktiker, der längere Erfahrung in der Düngung mit Rindermist hat, weiß um die positive Wirkung des Stallmistes auf den Boden. Das zeigt sich auch in der Bereitschaft von Bauern, bei Futter-/Mistkooperationen lieber Gülle als Rindermist abzugeben. Gülle wird eher als Dünger, als Nährstoffträger gesehen, Mist aber als eine unerlässliche Komponente für den Aufbau von langfristiger Bodenfruchtbarkeit.

Lebensäther, Klang-, chemischer oder Zahlenäther

Wir setzen mit dem tierischen Dung, aber vor allem mit dem Dung von Rindern den noch nicht ganz zum Chaos gewordenen Teilen der Pflanze in der Humusbildung im Boden noch etwas hinzu. Dadurch wollen wir das Irdische gegenüber dem Kosmischen stärken und so die Pflanze näher an die Erde heranbringen.

Was ist es denn nun, das wir hinzusetzen? Es sind nach meiner Auffassung vor allem Kräfte, und zwar die Kräfte des Rinderdüngers, die nach der kosmisch-qualitativen Analyse durch das Wesen des Rindes/Tieres die Veranlagung haben, eine neue Fruchtbarkeit, Lebens- und Gestaltungskraft im Boden des Hofes zu entwickeln. Der Rindermist hat die Kraft, den Boden zu strukturieren, seine Fruchtbarkeit zu fördern, die Lebensprozesse positiv zu gestalten und die Salze im Boden besser zu binden. Da es sich um Kräfte handelt, ist es so schwer, sie bewusst zu erkennen. Auch der Begriff des Humus ist kaum fassbar, niemand hat ihn je wirklich gesehen, und doch ist für den erfahrenen Praktiker eine sensorische Wahrnehmung des Humus und seiner Wirkung auf den Boden und die Pflanze durchaus gegeben.

Der Lebensäther ist eine der vier Ätherarten, und er ist verbunden mit dem Erdenelement. Er ist die Kraft, die auch das Anorganische der Erde beleben kann. Das Erdenelement ist fest, getrennt und starr, und der Lebensäther, der mit ihm wie ein Paar verbunden ist, hat die Kraft, dieses Getrenntsein der einzelnen Erdelemente zu durchdringen und zu einem Ganzen zusammenzufassen. Er ist eine ganzheitsschaffende Kraft, die die Einzelteile zu Gliedern der Ganzheit zusammenbinden kann. Dabei schafft er eine Haut, die nicht von äußeren, sondern von inneren Bedingungen abhängt und Ausdruck des Inneren ist. Der Lebensäther bewirkt eine aktive Raumgestaltung nach innen und außen. Alle Gestalten und Formen der Lebewesen entstehen durch diese plastische Tätigkeit. Der Lebensäther schafft Leiber, das Erdenelement Körper.[53] Er zeigt sich nicht unmittelbar der menschlichen Wahrnehmung, sondern nur indirekt durch seine gestaltende Wirkung in allem Lebendigen.

Diese Kraft des Lebensäthers wirkt besonders stark im Dung der Rinder. Sie hat für die Bildung des Bodens eine sehr große Bedeutung, die die Kraft der Bodenbildung, die bereits durch die Reste von Pflanzen gegeben ist, noch erhöht. Die Kraft des Lebensäthers im Rindermist schafft es, das Getrenntsein einzelner Elemente des Bodens besonders gut zu einem Organismus zusammenzufassen, Haut zu bilden und zu beleben. Dadurch wird die Kraft des Bodens, die Chaosbildung im Samen zu fördern und gleichzeitig genügend Irdisches im Humus für die Pflanze zur Verfügung zu stellen, verstärkt und auch besser organisiert.

Durch eine gute Versorgung der Böden mit Mist wird die Verbindung von Tonmineralien mit der organischen Substanz gefördert. So entstehen teilweise sehr stabile Verbindungen zwischen der organischen Welt des Bodens und der mineralischen Welt. Diese Verbindungen tragen entscheidend dazu bei, mit welchem Vermögen der Boden Wasser und Nährstoffe festhalten, umwandeln, aber auch bei Bedarf wieder abgeben kann. Hier zeigen sich die Kräfte des Klangäthers besonders. Der Klangäther ist geschwisterlich mit dem Element des Wassers verbunden. Rudolf Steiner nennt ihn auch chemischen oder Zahlenäther, weil er auch Träger der chemischen Aktivitäten ist. Die Stoffe verhalten sich chemisch nach Zahlengesetzen zueinander; ihre chemischen Beziehungen und Kräfte sind Offenbarungen des chemischen Äthers.[54] Die Lösung, das Verwandeln und die Bindung von Stoffen in der Bodenlösung sind durchklungen von den Zahlengesetzmäßigkeiten der Stoffe. Hier wird deutlich, wie der chemische Äther durch den Mist dazu beitragen kann, dass die Pflanzen ausreichend raumerfüllende Kräfte der Materie erhalten, also genügend physische Substanz bilden können, damit der Samen sie mit kosmischen Kräften durchstrahlen kann. Es wird dann leichter, die kosmischen Kräfte des Samens so lange in der Pflanze zu halten, bis es zu einer neuen Samenbildung kommt.

Es ist wichtig darauf hinzuweisen, dass die Tiere, aber vor allem die Rinder in den Ätherkräften der landwirtschaftlichen Individualität leben, man kann sagen, auch vollkommen eins mit diesen Ätherkräften sind. Sie erleben dort die ganzheitsschaffenden Kräfte des Lebensäthers und den Klang des chemischen Äthers in den Stoffkreisläufen. Durch diese enge Verbindung entwickeln sich auch im Mist individualisierte, für den Standort bedeutende Ätherkräfte.

Natürliche und agrarkulturliche Wirkungen der Ätherkräfte auf den Boden

Zu Beginn des zweiten Vortrages weist Rudolf Steiner darauf hin, dass auf dem Umwege des kieselhaltigen Sandes und Gesteines aus dem äußersten entfernten Kosmos Wirkungen zu beachten sind, die für die Erdenwirkungen wichtig sind. Obwohl Sand keine Nährstoffe enthält und kein Wasser halten kann, ist er von besonderer Bedeutung für das Wachstum. Der Sand nimmt die kosmischen Wirkungen auf und strahlt sie dann in den Erdboden zurück. Dort wirken diese Strahlungen besonders auf das Lebensätherische des Erdbodens und auf das «Chemischwirksame» (nach meiner Ansicht ist hier der chemische Äther gemeint). Wie der Erdboden lebendig wird, wie der Erdboden seinen eigenen Chemismus ausübt, das hängt durchaus davon ab, wie der sandige und steinige Teil des Bodens, der auch in gewissen Tiefen der Erde liegen kann, beschaffen ist. Wenn man das Pflanzenwachstum an einem bestimmten Ort verstehen möchte, muss man sich jederzeit über die geologische Grundlage des Standortes im Klaren sein, denn das, was die Wurzeln der Pflanzen im Boden erleben, hängt davon ab. Hier wird nach meiner Auffassung dargelegt, wie die Wirkung des Lebensäthers und des chemischen Äthers durch die natürlichen geologischen Gegebenheiten (Begabungen) des Standortes vorgeprägt ist. Jeder Standort hat also seine festgelegten Voraussetzungen.

Durch das Ausbringen des tierischen Düngers des Hofes wird die vorhandene natürliche Begabung des Standortes durch den Einsatz des Mistes in Bezug auf die Organisation des Lebens- und des chemischen Äthers des Bodens stark verändert. Diese Veränderung erfolgt jetzt aber nicht mehr aus der Naturbegabung des Hofes durch den entfernten Kosmos, sondern aus der Art der Bewirtschaftung, also aus der Landbaukultur. Diese ist aber immer individuell durch den Geist des Menschen beeinflusst und prägt die landwirtschaftliche Individualität in ihrer Horizontalen. So fassen die Tiere den Betrieb zu einer Einheit zusammen. Ihre Leistung zeigt sich nicht nur in ihren Produkten, die sie abgeben, sondern sie bringen auch Qualitäten in den Hof.

8 Das menschliche Ich und die Ich-Anlage der Tiere

Aussage von Steiner: Wozu dient das Gehirn? Es dient als Unterlage für das Ich. Das Tier hat noch nicht das Ich. Halten wir das ganz richtig fest: Das Gehirn dient als Unterlage für das Ich, das Tier hat noch nicht das Ich, sein Gehirn ist erst auf dem Wege zur Ich-Bildung. Beim Menschen geht das immer weiter zu der Ich-Bildung hin.

An welchen Phänomenen lässt sich diese Aussage über das Ich des Menschen und die Ich-Anlage der Tiere etwas deutlicher erkennen?

Das Rind ist zum Beispiel gleich nach seiner Geburt ein ziemlich vollkommenes Geschöpf. Es kann unmittelbar nach der Geburt aufstehen, kann brüllen, geht schnell an das Euter der Kuh, um dort zu saugen. Recht bald beginnt es zu fressen und bildet die Wiederkäuerorgane aus. Die Geschlechtsreife tritt schon mit 10 bis 12 Monaten ein. Die Erstkalbung der Kühe erfolgt mit 27 bis 30 Monaten. Die Mastrinder haben mit 24 Monaten ihr Schlachtgewicht erreicht. Hier zeigt sich eine sehr zügige Entwicklung von der Kindheit über das Jugendalter bis zum erwachsenen Tier. Ganz ausgewachsen ist ein Rind mit 5 Jahren. Die ganze Entwicklung erfolgt artgemäß in festen Bahnen und wird vom Instinkt des Tieres geführt.

Das Tier hält seine Wirbelsäule im Prinzip immer parallel zur Erde in der Waagerechten. Es schafft es nicht, sich in die Senkrechte zu erheben, und zeigt ein anders ausgebildetes Bewusstsein als der Mensch. Nach Steiner ist das Bewusstsein der Tiere folgendermaßen zu beschreiben:[55] Das Tierbewusstsein gelangt nicht bis zum Denken. Es lebt in einem lebendigen Traumleben und wird von der Gruppenseele in seinen Instinkten sicher geführt. Dadurch erlebt es sich selbst nicht als abgeschlossenes Wesen gegenüber der Außenwelt, anders als der Mensch. Das Tier hat ein starkes inneres Erlebnis gegenüber der Pflanze, welches sich in einer unmittelbar sprechenden Sympathie oder Antipathie in seiner Seele ausdrückt. Es empfindet gewissermaßen das, was die Pflanze ausdrückt, direkt als seine Innenwelt. Das Bewusstsein der

Tiere ähnelt mehr dem menschlichen Traumbewusstsein, ist aber gesättigter und weniger flüchtig als dieses. Man kann sagen, dass das Tier ein von Empfindungen dominiertes Bildbewusstsein hat.

Beim Menschen findet die Entwicklung viel langsamer statt. Er ist zunächst nach der Geburt völlig hilflos, seine Bewegungen beginnen langsam, sich zu koordinieren. Er lernt mit dem Blick die Dinge zu fixieren, und sein Wahrnehmungsfeld dehnt sich im Laufe von Jahren immer mehr aus. Im ersten Entwicklungsjahr kommt das Kind über das Knien und Sitzen zum Krabbeln und lernt dann das aufrechte Stehen. Damit ist ein sehr wichtiger Schritt in der Entwicklung des Menschen eingetreten. Er lernt dadurch, sich zwischen dem Erdmittelpunkt und der Sonne auszurichten und sich aufrecht zu bewegen. Er kann den Kopf frei tragen und gewinnt die Hände als Werkzeug zum «Begreifen» der Welt. Im zweiten Lebensjahr beginnt das Sprechen, und im dritten Lebensjahr entwickelt sich langsam das Denken, indem die Fähigkeit ausgebildet wird, gedankliche Verknüpfungen herzustellen. Das Kind bezeichnet sich selbst nun auch als Ich.

Es wird bereits bei dem Vergleich der ersten drei Jahre der Entwicklung von Tieren und Menschen sehr deutlich, wie langsam die Entwicklung des Kindes im Vergleich zu der der Tiere ist. Bis der Mensch dann erwachsen ist, sein Ich ganz auf der Erde anwesend ist, vergehen in der Regel 20 Jahre. Diese lange Zeit der Kindheits- und Jugendentwicklung hat aber auch Folgen. Sie bringt mit sich, dass der Mensch entwicklungsoffen ist, sich selbst reflektieren kann, Zusammenhänge erfassen kann, eigene Schwächen erkennt, nach ethisch-moralischen Prinzipien handeln und sich lebenslang lernend entwickeln kann. Er entwickelt im Laufe seiner Kindheit und Jugend ein Gegenstandsbewusstsein und erlebt die Welt als außer sich, ihm gegenüberstehend. Es sei hier der Vollständigkeit halber erwähnt, dass der Mensch natürlich auch mit Instinkten und den daraus resultierenden Verhaltensmustern seiner Gattung ausgestattet ist. Diese Bindung an seine Gattung dominiert ihn aber nicht, denn seine Entwicklungsoffenheit gibt ihm Raum für Individuelles.

Halten wir fest, dass das erste großartige Ereignis und Zeichen der Ich-Werdung des Menschen das Aufrichten und freie Stehen des Kindes ist.

Woran ist später im Leben des Menschen das Ich und seine Wirksamkeit zu erkennen?

Das Ich in der Theosophie

In dem Buch «Theosophie»[56] beschreibt Rudolf Steiner die Wirksamkeit des Ichs beim Menschen. Zunächst weist er darauf hin, dass der Mensch sich durch sein Selbstbewusstsein als ein selbstständiges, von allen übrigen Wesen abgeschlossenes Ich bezeichnet. Der Mensch ist mit diesem Ich ganz allein, und das berechtigt ihn, sein Ich als sein wahres Wesen zu bezeichnen. Das Ich ist in der Lage, die Strahlen des Lichtes (des Geistigen), die als ewiges Licht im Menschen aufleuchten, aufzunehmen, und er kann dadurch die Gedanken der Wahrheit und der Güte in sich einfließen lassen.

Die Sinneserscheinung offenbart sich dem Ich von der einen Seite (physische Welt), der Geist von der anderen Seite (geistige Welt). Was vom Geiste im Ich lebt, ist ewig.

Wie der physische Körper im Gehirn, so hat die Seele im Ich ihren Mittelpunkt.

Leib und Seele befinden sich in einer dauerhaften Wechselwirkung mit dem Ich und dem das Ich inspirierenden Geist. Das Ich wirkt so über das Denken erkennend, ordnend und organisierend auf die Glieder der menschlichen Wesenheit ein. Dadurch hat der Mensch die Möglichkeit, sein Handeln begleitet durch den Verstand und die Vernunft zu gestalten. Das Ich bleibt als die eigentliche Wesenheit des Menschen ganz unsichtbar. Die Wirkung des Ichs in der Welt kann man aber an den Handlungen des Menschen andeutungsweise erkennen. In den Taten eines Menschen, in der Art, wie er in seiner Umgebung wirkt, wie er sie gestaltet, womit er sich verbindet, findet das Ich seinen Ausdruck.

Mit zunehmendem Alter wird das Ich des jungen Menschen immer mehr zum Herrscher über Leib und Seele. Die Möglichkeiten der Selbstreflexion, des Erkennens der Wirksamkeit des eigenen Handelns im Denken, Fühlen und Wollen kann im eigenen Bewusstsein immer deutlicher hervortreten. So können die eigenen Fähigkeiten, Schwächen und Fehler innerlich immer deutlicher erkannt werden. Er kann seine Lehren aus seinen Erfahrungen ziehen und den notwendigen Weg der

Entwicklung selbst erkennen. Hier zeigt sich die Entwicklungsoffenheit, die nur der Mensch auf der Erde hat. Seine Ich-Bildung schreitet, trotz aller möglichen Schwierigkeiten, voran.

Die Umsetzung des Bauchdüngers

Aussage Steiner: Beim Menschen wird möglichst viel umgesetzt vom Bauchdünger in Gehirndünger, weil der Mensch ja sein Ich auf der Erde trägt; beim Tier weniger, daher bleibt mehr drinnen im Bauchdünger, der dann zum wirklichen Düngen verwendet wird. Da bleibt mehr Ich-Anlage drinnen. Weil es das Tier nicht zum Ich bringt, bleibt da mehr Ich in der Anlage drinnen. Daher sind tierischer Mist und menschlicher Mist zwei ganz verschiedene Dinge. Tierischer Mist enthält noch Ich-Anlage.[57]

Das Gehirn des Menschen ist im Verhältnis zu seinem Körper größer als bei den Tieren. Selbst gegenüber den Schimpansen, die uns genetisch am nächsten stehen, ist unser Hirn noch dreimal größer. Es ist aber mit Sicherheit ein falscher Schluss aus der obigen Aussage, dass der Mensch mehr aus seinem Bauchdünger in Gehirndünger umwandelt, nur auf einen vermehrten Nährstoffbedarf durch das größere Gehirn zu schließen. Zwar sagt Steiner, dass alles, was an Substanzen in der Kopforganisation zu finden ist, von irdischer Materie ist, aber er sagt eben auch, dass die Kräfte, die im Kopf wirken, kosmischer Natur sind. Nach meiner Auffassung liegt der Schlüssel zum besseren Verständnis der obigen Aussagen von Steiner eher in den unterschiedlichen Kräften von Tier und Mensch, die für ihre Bewusstseinsbildung notwendig sind. Diese Annahme wird durch die unterschiedliche Art der Hirnbildung von Mensch und Tier auch deutlich.

Beim Menschen ist, gegenüber dem Tier, vor allem der Bereich der Großhirnrinde (Neocortex) stark vergrößert. Der Cortex bildet, nach Johannes W. Rohen, die Grundlage für das Wachbewusstsein, das für die bewusste Verarbeitung der Sinnesreize verantwortlich ist. Er ist auch der Ort, an dem die Erinnerungen bewusst werden und gespeichert werden können, sodass sich das Langzeitgedächtnis ausbildet. Auch unser gesamtes motorisches System (Bewegungsvorstellung) hängt mit der Funktion der Großhirnrinde zusammen.

Durch die Großhirnrinde ist dem Menschen die Möglichkeit gegeben, das, was in uns selbst oder in der Welt vorgeht, zumindest im begrenzten Umfang uns zum Bewusstsein zu bringen. Dadurch kann er die Lernfähigkeit sowohl im Bereich der Bewegungsabläufe als auch im Bereich der Sinneseindrücke ausbilden. Als Quelle des Lernens ist der Lernwille zu betrachten, der vom Ich ausgeht.

Das Erinnern ist aber nicht nur ein Prozess der Großhirnrinde, sondern es ist dem gesamten menschlichen Geschehen zuzuordnen. Das Nervengewebe ermöglicht lediglich das Bewusstwerden der Erlebnisse, nicht aber das Erleben selbst. Damit wir das Vergessene aus dem Gedächtnis in unser Bewusstsein zurückholen können, bedarf es wiederum in erster Linie einer Willensanstrengung, die vom Ich ausgelöst wird.

Gerade die oben dargelegten Prozesse der Bewusstseinsbildung beim Menschen, in Verbindung mit seinem Denken, Fühlen und Wollen, sind es nach meiner Auffassung, die dazu führen, dass der Mensch durch die Aktivität des Ichs und durch seine organisierende Wirkung in Seele und Leib seinem Bauchdünger Kräfte entzieht, die ihn für die Düngung von Böden und Kulturpflanzen ungeeignet werden lassen.

Anders beim Tier, welches es nicht zu dem menschlichen Bewusstsein bringen kann. Diese Tatsache kommt auch darin zum Ausdruck, dass der Cortex, als physisches Organ für das Wachbewusstsein, bei Tieren sehr viel kleiner ist. Sie tragen ihr Ich nicht auf der Erde, entwickeln kein Wachbewusstsein und zeigen nur im Rahmen ihrer Instinkte eine geringe Lernfähigkeit. Das führt dazu, dass ihr Bauchdünger noch die Kräfte der Ich-Anlage in sich trägt, der dann zum wirklichen Düngen verwendet wird.

Die Wirkung des Ichs auf die menschliche Gestalt

Beim Menschen stehen Leib und Seele in einer dauerhaften Wechselwirkung mit dem Ich und dem das Ich inspirierenden Geist. Das bedeutet, dass der menschliche Leib während seiner Lebenszeit in seiner ganzen Ausformung über das Ich vom Geist geprägt wird. Von der frühen Kindheit bis ins hohe Alter drückt sich in der physischen Erscheinung des Menschen das vom Geist inspirierte Ich immer stärker aus. Das Ich wird immer mehr Herrscher über Seele und Leib. Alles, was als physischer Leib beim Menschen in Erscheinung tritt, geht vom Ich aus. Das reicht vom Skelett des Menschen, welches Rudolf Steiner als das physische Bild der Ich-Organisation bezeichnet (GA 27), bis zu seiner Physiognomie, mit den absolut individuellen Gesichtszügen.

Der Kohlenstoff spielt als Plastiker (Gestaltungskraft) des menschlichen Leibes mit einem Gewichtsanteil von 28 % eine sehr große Rolle. Die anderen Eiweißstoffe sind in folgender Stärke vertreten: O = 56,1 %, H = 9,3 %, N = 2 %. Der Stickstoff ist bedeutend in der Zellbildung, in den Proteinen und in der DNA. Wichtig ist hier noch die Aussage aus dem dritten Vortrag des Landwirtschaftlichen Kurses, dass der Mensch gerade dadurch Mensch ist, dass er die mithilfe des Kohlenstoffs entstehenden Körperformen durch die Kohlensäure, die er ausatmet, gleich wieder vernichtet. Das heißt, das Geistige des Menschen wirkt sein ganzes Leben lang über sein Ich gestaltbildend auf den Kohlenstoff ein. Damit der Kohlenstoff im Menschen bewegt sein kann, schafft der Mensch in seinem kalkigen Knochengerüst ein unterliegendes Festes. Beim höheren Tier wirkt der Kohlenstoff mit seinen Gestaltungskräften ähnlich wie im Menschen, aber das Tier entwickelt, anders als der Mensch, keine individuell ausgeprägte Physiognomie.

Die Wirkung des Geistes in der Natur auf die Formen der Pflanzen

In der Natur wirkt der Geist über den Kohlenstoff als Träger aller Gestaltungsprozesse auf die Formen der Pflanzen ein, die, anders als der Mensch und das Tier, in eine feste Gestalt gerinnen, die dann später auch vergehen kann, wenn sich das Leben wieder zurückzieht. So wie beim Menschen das Ich die Kraft des Geistes über den Kohlenstoff bis in seine individuellen Körperformen prägt, so wirkt in der Natur das Welten-Ich im Weltengeist (3. Vortrag Landwirtschaftlicher Kurs) und prägt über den Kohlestoff die verschiedensten Formen der Pflanzen. Der Weltengeist wirkt in der Naturlandschaft wie auch in der Kulturlandschaft.

Es ist derselbe Weltengeist, der sich als Plastiker in den menschlichen

Formen und in den Formen der Pflanze zeigt – beim Menschen durch das individuelle Ich, in der Natur durch das Welten-Ich.

Bei Orten, an denen sich die Natur ohne großes menschliches Zutun entwickelt hat, ergießt sich der Weltengeist in reiner Form in das Naturgeschehen. Er ist hier aber für Menschen, die in Kulturlandschaften aufgewachsen sind, nicht in der Deutlichkeit zu erkennen, wie er durch seine individuelle Ausprägung in Kulturlandschaften erkannt werden kann.

In Kulturlandschaften, die durch das Zusammenwirken des Weltengeistes in der Natur mit der geistig-physischen Arbeit des Menschen entstanden sind, ist es für uns leichter, den Geist eines Ortes zu erahnen. Hier können das menschliche Ich und das Welten-Ich zusammenwirken, und es kann sich eine vielfältige Kulturlandschaft entwickeln, wenn die Menschen ausreichend Umsicht und Vorsicht walten lassen. Dann müssen natürliche Orte nicht zerstört werden, sondern im Idealfall erfahren sie sogar durch die Tätigkeit des Menschen eine Erhöhung in ihrem Wesen. Dabei können auch die Ich-Qualitäten etwas deutlicher hervortreten.

Unterschied Natur- und Kulturlandschaften

Die Naturlandschaft

Durch einen kurzen Blick auf die Entwicklungen von Landschaften und Ökosystemen kann der Unterschied zwischen Natur- und Kulturlandschaft vielleicht etwas deutlicher werden. Andreas Suchantke zeigt in seinem Buch «Partnerschaft mit der Erde» auf, wie verschiedene naturbelassene Ökosysteme im Laufe der Zeit sehr differenzierte Entwicklungsphasen durchlaufen. Zieht sich zum Beispiel ein Gletscher zurück, so finden wir zunächst den Schotter der Moräne. Dann bilden sich Pionierpflanzen. Es folgen weitere Blütenpflanzen, und die Entwicklung des Ökosystems tritt dann von dieser Kindheitsphase in die Jugendphase über. In dieser Jugendphase setzt eine stürmische Entwicklung ein, in der durch die Fotosynthese sehr viel Substanz gebildet werden kann. Die nächtliche Veratmung bleibt in dieser Phase demgegenüber unbedeutend. Ihren Höhepunkt findet diese Entwicklung zwischen dem 20. und dem 50. Jahr; in dieser Zeit findet auch die stärkste Humusbildung statt. Anschließend setzt, wie eine Altersreife, eine ruhigere Periode ein. Es bildet sich dann im humiden Klima Wald, das Kronendach schließt sich und die Artenvielfalt der Bodenvegetation geht zurück. Die Entwicklung in der Zeit steht still; es tritt der Klimaxzustand ein. Das System reguliert sich auf einem niedrigen biologischen Niveau selbst und bleibt, wenn keine neuen Einflüsse von außen kommen, stabil. Der gesamte Haushalt des Systems beginnt, außerordentlich sparsam zu wirtschaften. Der oben beschriebene Verlauf der Entwicklung von Ökosystemen ist bei vielen Ökosystemen ähnlich und kann als typisch bezeichnet werden. Man kann sagen, die Weltengeistigkeit schafft hier in großer Weisheit ein System, welches stofflich bei geringem Umsatz sehr stabil ist und auch biologisch auf niedrigem Level Stabilität zeigt. Die Urwälder in Europa befanden sich vor ihrer Rodung und Umwandlung in eine Kulturlandschaft in einem solchen Zustand.

Die Kulturlandschaft

Ganz anders entwickeln sich Landschaften, die durch den Menschen dauerhaft zur Erzeugung von Lebensmitteln genutzt werden. Sie müssen permanent im Zustand der sehr produktiven Jugendphase des naturbelassenen Ökosystems gehalten werden. Nur dann können ausreichende Mengen an organischer Substanz erzeugt und ein Teil aus dem System als Nahrungsmittel entnommen werden. Gleichzeitig kann aber auch die Humusbildung verstärkt werden und dabei auf höherer Stufe eine reichhaltige Kulturlandschaft mit großer Artenvielfalt, mit Acker, Weiden, Wiesen, Hecken, Nutzwald, Gewässern, Ödland entstehen. Dabei können sich auf engem Raum viele verschiedene Lebensräume entwickeln, die dann die Grundlage für einen Artenreichtum bilden.

In Landschaften, in denen langfristig Lebensmittel erzeugt werden, die also immer in ihrer Jugendphase gehalten werden, benötigen die Kulturpflanzen, damit sie als Nahrungsmittel für den Menschen am gedeihlichsten sind, die Unterstützung durch die Kräfte im Boden. Um diese Kräfte zu fördern, empfiehlt Rudolf Steiner, den landwirtschaftlichen Betrieb in seinen Stoffkreisläufen möglichst weitgehend zu schließen. Dabei erwähnt er die Tierhaltung und die Versorgung der Tiere mit dem Futter der hofeigenen Flächen.

Er betont weiter im achten Vortrag, dass sich oben an den Pflanzen des Hofes in der Auseinandersetzung mit der Luft die Ausbildung der Formen der Blätter und Blüten (das Astralische) hinzuentwickelt, während sich unten in der Erde durch den Verkehr der Wurzel mit dem Dünger die Ich-Anlage der Pflanze ausbildet.

Die Stärkung der Ich-Kräfte in der landwirtschaftlichen Individualität

Es soll nun an drei Beispielen dargelegt werden, wo man nach meiner Auffassung Ich-Qualitäten einer Betriebsindividualität entdecken kann und durch welche Maßnahmen sie verstärkt werden können.

Die Ausbildung individueller Formen bei Pflanzen durch die Düngung

Der Dung von Rindern soll, wegen seiner besonderen Wirkung, die Grundlage eines geschlossenen Stoffkreislaufes bilden.

Der Rindermist steigert die Bildung von großen Bodenkrümeln, in denen besonders der Aufbaustoffwechsel des Bodens gefördert wird. Es wird dadurch weniger organische Substanz bei der Düngung und dem Verbauen im Boden veratmet und so mehr als Humus gespeichert. Dadurch kann die Bildung des Ton-Humus-Komplexes erheblich gefördert werden. Die Bodenstruktur wird verbessert. Wasser und Nährstoffe werden besser gespeichert und bei Bedarf auch an die Pflanzen abgegeben. Außerdem fördert der Rindermist noch die Aktivität von Enzymen im Boden. Durch die Zunahme an Bodenfruchtbarkeit können sich die Wurzeln der Pflanzen besser mit dem Boden verbinden, und es kann mehr Blattmasse gebildet werden. Mehr Blattmasse bedeutet auch, dass sich die Pflanze stärker mit dem Sonnenlicht auseinandersetzen kann. Das erhöht die Bildung von Assimilaten, von denen 10 bis 20 % direkt von der Pflanze als Wurzelexsudate in den Boden abgegeben werden. Dadurch wird das Mikrobiom des Bodens gestärkt, und die mikrobiellen Umsetzungsprozesse z.B. für den Stickstoff im Boden verlaufen anders. Es zeigte sich in Untersuchungen, dass der langfristig eingesetzte betriebseigene Rinderdünger das Bodenmikrobiom eines Hofes individualisiert. Es bilden sich in einem solchen Boden kräftige Pflanzen mit einer sehr guten Wurzelbildung und einer guten Wachstumskraft. Durch eine kräftige Stängel- und Samenbildung richtet sich die Pflanze zwischen dem Erdmittelpunkt und der Sonne aus.

Im Landwirtschaftlichen Kurs beschreibt Steiner diesen Prozess im achten Vortrag folgendermaßen: Wenn von dem, was dann über der Erde ist, die Tiere richtig fressen, dann entwickeln sie in demjenigen, was von ihnen als Dünger kommt, die richtigen Ich-Kräfte, die wiederum aus der Wurzel heraus die Pflanze in der richtigen Weise in der Richtung der Schwerkraft wachsen lassen.

In der Vermittlung der Ich-Kräfte durch die Düngung mit Mist und dem daraus resultierenden richtigen Wachstum in Richtung Schwerkraft kann man durchaus Parallelen zur Ich-Entwicklung des Menschen erkennen, die sich ja zum ersten Mal in seinem Leben deutlich im Sichaufrichten zeigt. Das Kind erhebt sich am Ende des ersten Lebensjahres gegen die Schwerkraft und richtet sich zwischen der Sonne und dem Erdmittelpunkt aus. Das ist der Beginn der Ich-Entwicklung beim Menschen.

Es ist klar, dass das menschliche Ich in der physischen Welt inkarniert ist. Das ist bei der Pflanze anders. Rudolf Steiner sagt, dass das Ich der Pflanzen in der unteren geistigen Welt für den Schauenden zu finden ist; diese liege zwei Stufen über dem physischen Plan. Es ist also nicht ohne lange Übung durch uns wahrzunehmen. Etwas verständlicher wird es vielleicht für unser Denken durch die Aussage von Steiner, dass jede Pflanzenwurzel das Bestreben hat, bis zum Mittelpunkt der Erde vorzudringen, wo der Mittelpunkt des geistigen Wesens ist, zu dem die Pflanze gehört.[58] Oder die Beschreibung, der Hellseher das Ich der Pflanzen im Mittelpunkt der Erde erschaut und zwar bilden alle Pflanzen-Iche zusammen das Ich der Erde. Weiter sagt er in demselben Vortrag, dass sich die Tätigkeit des Ichs der Pflanze darin ausdrückt, dass der geistige Inhalt des Sonnenstrahles dem Mittelpunkt der Erde zugeführt wird. Und an anderer Stelle: Dem aber entspricht die reale Tatsache, dass wir die unmittelbaren Wirkungsimpulse für die Gruppen-Iche der Pflanzen in Richtung von der Erde zur Sonne hin zu suchen haben.[59]

Der Mensch, dessen Ich auf dem physischen Plan verkörpert ist, befindet sich in einer dauerhaften Wechselwirkung mit dem Geist. Das wirkt bis in die Gestaltbildung des Körpers, bis in die Physiognomie hinein. Eine Verstärkung der Ich-Kräfte über die Wurzel der Pflanze durch die Düngung mit hofeigenem Mist kann dazu beitragen, dass die Pflanzen sich zwischen Erde und Sonne besser entwickeln und in der Ausbildung ihrer Lebens- und Formkräfte, aber auch in ihrer inneren Zusammensetzung ihrem Wesen gemäßer, also ihrem Charakter entsprechender besser ausbilden können. Die geistigen Kräfte, die den Ort prägen, wirken also in die Kulturpflanzen hinein, ähnlich wie das Ich beim Menschen bis in die physische Gestaltbildung hinein wirkt. Im Wachsen in Richtung Schwerkraft und in der deutlicheren Ausprägung der Formen der Pflanzen kann man Ich-Qualitäten erkennen, die durch den Mist der Tiere in der Düngung verstärkt werden. Sie treten in den Produkten des Hofes deutlicher hervor. Die Möhre wird bei solcher Düngung möhriger, der Apfel apfeliger. Dadurch werden die Nahrungsmittel für den Menschen und das Tier für ihr Dasein am allergedeihlichsten.

Stärkung des betrieblichen Gedächtnisses in der Horizontalen des Hofes durch die Düngung

Wir haben oben gesehen, wie sich der Ich-begabte Mensch in seiner Physis besonders durch seine umfangreiche Großhirnrinde gegenüber den Tieren auszeichnet. In der Großhirnrinde werden auch die Erinnerungen bewusst, und mithilfe des Denkens, Fühlens und Wollens können die Erinnerungen aus dem Langzeitgedächtnis ins Bewusstsein hervorgeholt werden. Ohne eine bewusste Erinnerungsfähigkeit könnte der Mensch kein Ich-Bewusstsein ausbilden, denn durch die Fähigkeit, uns zu erinnern, können wir Menschen unsere Biografie zumindest in groben Zügen überblicken und ein Ich-Bewusstsein entwickeln.

In der «Theosophie» beschreibt Rudolf Steiner, dass die durch die Erinnerung hervorgerufenen Vorstellungen immer neu sind. Sie müssen immer wieder neu vorgestellt werden und sind nicht irgendwo in uns konserviert. Er sagt: Ich verbinde (mit meiner Erinnerung) ein vergangenes Erlebnis mit meinem gegenwärtigen Leben. In dem Absatz über die Aufgabe des Ätherleibes beim Denken wurde bereits darauf hingewiesen, welche Bedeutung der Ätherleib für das Gedächtnis hat. Der Ätherleib ist der Träger des Gedächtnisses, und Erinnern heißt, dass wir aus unserem Ätherleib frühere Erlebnisse durch eine Willenstätigkeit zurück in unser gegenwärtiges Bewusstsein holen können.

Unsere Böden in Mitteleuropa haben sich über einen sehr langen Zeitraum entwickelt. Dies gilt nicht nur für den Bereich der mineralischen Bodenbildung, sondern auch für die gesamte Bildung von Dauerhumus. Man sagt, dass es in mittleren Breiten zwischen 100 und 300 Jahre dauert, bis sich eine Bodenschicht von 1 cm gebildet hat. Die Hauptmasse des Dauerhumus ist pflanzlichen Ursprungs. Es handelt sich zur Hauptsache bei der Dauerhumusbildung um Bestandteile des Schutz- und Stützgewebes, wie verschiedene Zellulosearten, Pektine, Lignine, aber auch verschiedene Eiweiße von Pflanzen aus früheren Vegetationszeiten. Diese widerstandsfähigen Pflanzenreste werden zwar auch im Boden umgebaut, sie zeichnen sich aber nach ihrer Umwandlung durch einen relativ konstanten C-Gehalt von 58 % und einen geringeren Sauerstoffgehalt aus, als die Ausgangsprodukte hatten. Sie sind also nicht so aktiv und ziemlich stabil, sodass sie sehr lange im Boden erhalten bleiben. So wurden z.B. in der organischen Substanz von Sedimenten in Skandinavien Pollen und Chloroplasten von Kiefern und Fichten gefunden, die mindestens 10.300 Jahre alt sind.

Man kann also davon ausgehen, dass man im Dauerhumus Reste von Pflanzen findet, die vor sehr langer Zeit an diesem Standort gewachsen sind. Diese Pflanzen haben sich in ihrer Vegetationszeit unter dem Einfluss der Sonne und der Erde den damaligen Verhältnissen der Bewirtschaftung entsprechend entwickelt und in ihren Formen die Gegebenheiten des Ortes abgebildet. Heute sind sie umgewandelt im Dauerhumus zu finden und üben als Stoffe, aber vor allem als Kräfte über den Boden Wirkungen auf das aktuelle Wachstum der Pflanzen aus. Sie wirken ähnlich dem «Gedächtnis» beim Menschen, da sie die Geschichte des Standortes (beim Menschen die Biografie) in sich gespeichert haben und dabei dauerhaft in die Vegetation hineinwirken. Der hohe C-Gehalt dieser Substanz drückt auch aus, wie langfristig die

Kräfte des Welten-Ichs im Weltengeist über den Dauerhumus in einen Betriebsorganismus hineinwirken.

Rottemist von Rindern hat, wenn er gedüngt wird, eine besonders positive Wirkung auf die Humusentwicklung des Bodens. Besonders in Verbindung mit Kleegras können die Humuswerte gesteigert werden, denn die Wurzelrückstände der Futterleguminosen zeigen ähnlich dem Humus aufbauende Eigenschaften wie der Rindermist. Man kann also sagen, dass durch die humussteigernde Wirkung des Rindermists ein Beitrag dazu geleistet wird, die «Gedächtniskräfte» im Boden zu steigern und zu fördern.

Rindermist kann nicht nur einen Beitrag dazu leisten, den Humusgehalt des Bodens zu steigern, sondern er kann auch dazu beitragen, langfristig die Humuswerte eines Standortes zu erhalten, selbst wenn eine organische Düngung über einen längeren Zeitraum nicht mehr erfolgt. Dies zeigt sich in dem Versuch von Dietz und Bachtaler deutlich.[60] (Siehe dazu auch den Absatz oben über die Verdauung der Böden und die Verdauung der Wiederkäuer.) So werden diese «Gedächtniskräfte» des Bodens durch Rindermist nicht nur gesteigert und gefördert, sondern sogar langfristig erhalten.

Rindermist ist auch ein Dünger, der reich an Aminosäuren ist. Sein Stickstoff wird zum großen Teil direkt vom Mikrobiom in das Bodenleben eingebaut. Das erklärt vielleicht auch seine besondere Wirkung im Zusammenhang mit dem Aufbau von Humus.

Der Rindermist fördert stark die Bildung der mikrobiellen Biomasse und auch ihre Aktivität (nachgewiesen im DOK-Versuch)[61]. Das bedeutet, wenn man auch diesen Sachverhalt wieder dem Bereich der Ich-Anlage im Rinderdung zuordnet, dass hier die Gedächtniskräfte, die dem Humus innewohnen, in besonderer Weise durch den Rottemist aktiviert werden und zur Wirkung kommen. In diesem Zusammenhang zeigen sich nach meiner Auffassung Ich-Qualitäten.

Das Schaffen eines betrieblichen Zusammenhanges in der Vertikalen eines Hofes

Im Absatz «Tier und Landschaft» wurde bereits dargelegt, wie Wildtiere die Seelenstimmung von Orten erfassen können und daraus, je nach Landschaftstyp und nach Tierart, eine Sympathie oder eine Antipathie zu dem Ort entwickeln können. Wirkt die Stimmung auf das Tier anziehend, so wird es den Ort als seinen Lebensraum zur Revierbildung nutzen und mit seiner Art und der sich daraus ergebenden Wirkung auf die Natur dazu beitragen, den Ort physisch und auch seelisch zu bereichern.

Die Rinderherde, die weidend über die Flächen des Hofes zieht und deren Mist aus der winterlichen Fütterung und Stallhaltung als Dung über die Betriebsflächen verteilt wird, trägt dazu bei, die betrieblichen Flächen durch die Düngung miteinander zu verbinden. Es entwickelt sich so im Inneren des Hofes ein eigenes inneres Beziehungsgeflecht aufgrund der Stoffströme. Durch diese hofeigenen Stoffströme kommt es zu einer Abgrenzung der eigenen Schläge gegenüber der übrigen umliegenden Landschaft. Man kann sagen, dass sich aufgrund dieser Vernetzung im Bereich des Stofflichen eines Betriebes Kräfte gebildet haben, die eine Art seelisch-geistige Hülle nach außen bilden, die aufgrund eines besonders belebten Innenraums entstanden ist. Diese Hülle ist aber nicht komplett geschlossen, sondern wirkt auch nach innen und außen.

Eine weitere wichtige Rolle bei der Entwicklung der individuellen Ausprägung der Stoffkreisläufe eines Hofes spielt die Fruchtfolge. Die Fruchtfolge, in der Feldfutterbau im Gemenge von Gras und Leguminosen angebaut wird und in der die Verwertung dieses Futters durch die Rinder des Hofes erfolgt, hat das Potenzial, die allgemeinen Grundlagen einer Agrarlandschaft, die sich durch das Klima, die Geologie, die Bodenart, die Vegetation und durch die Nutzung durch den Menschen im Laufe der Jahre gebildet hat, zu verwandeln. Dieses Beziehungsgeflecht der Stoffkreisläufe betrifft natürlich den Boden und die Bodenentwicklung in besonderem Maße. Hier spielt wahrscheinlich die Entwicklung des Mikrobioms von Böden eine sehr große Rolle, ein Bereich, von dem heute noch wenig bekannt ist. Bekannt ist aber, dass der Dung der Tiere, die weitgehend von betriebseigenem Futter ernährt worden sind, eine andere Wirkung auf die mikrobiellen Stickstoffumsätze der Böden hat, als der Dung von Tieren, die mit betriebsfremdem Futter gefüttert wurden.

Auf die Bedeutung des Kreislaufes Futter–Tier–Boden weist Rudolf Steiner am Ende des zweiten Vortrages hin. Er sagt dort: «[…] denn Sie müssen ja wissen, dass zum Beispiel die kosmischen Wirkungen, die in einer Pflanze zur Geltung kommen, die vom Inneren der Erde heraus kommen, hinaufgeleitet werden. Ist also eine Pflanze besonders reich an solchen kosmischen Wirkungen und frisst diese ein Tier, das nun seinerseits gleichzeitig Mist liefert aus seiner Organisation heraus, auf Grundlage eines solchen Futters, so liefert dieses Tier den besonders geeigneten Mist für diesen Boden, wo die Pflanze wächst.»[62]

In der Hüllenbildung des Betriebes, die vor allem durch den Mist der Tiere angeregt wird, kann man nach meiner Meinung einen Anklang einer Ich-Qualität finden, denn die Düngung wirkt ordnend und individualisierend auf die Glieder der Wesenheit eines Hofes, hier vor allem auf den Boden und die Entwicklung des Mikrobioms. Man kann sagen, die Kuh sorgt mit ihrem Dung dafür, dass ein Betrieb ein zusammenhängendes Gebiet von bestimmten Kräften wird, und trägt dazu bei, dass diese Bindung Dauerhaftigkeit erhält.

Grundlage dafür, dass die Kräfte der Ich-Anlage zur Wirkung kommen können, ist der weitgehend geschlossene Betriebskreislauf. Erst wenn dieser umgesetzt ist, können die Ich-Qualitäten, die der Mensch zur Organisation seines Ichs auf der Erde braucht und die das Tier als Anlage in sich trägt, aber eben nicht braucht, da es sein Ich nicht auf der Erde trägt, in subtiler Weise auf die Organisation der landwirtschaftlichen Betriebsindividualität über die Düngung einwirken. Für den aufmerksamen Betriebsleiter zeigt dies sich daran, dass man immer mehr spürt, dass der Hof in sich rundläuft, die Ertragsfähigkeit, die Ertragssicherheit und die allgemeine Verfassung (Konstitution) des Hofes sich auf erstaunliche Art stabilisieren und dabei die Nährstoffvorräte laut Bodenuntersuchungsergebnissen nur niedrig bis mittel sind.

Es sei noch erwähnt, dass die Wirkung der biodynamischen Präparate diese Entwicklung stark befördert.

Die sich im Zeitenlauf fortentwickelnde landwirtschaftliche Individualität

Wir konnten an den bisherigen Darstellungen zum Thema Individualisierung von Höfen sehen, welche Wirkungen von einem weitgehend geschlossenen Betriebskreislauf, der in Verbindung mit Tieren und einer guten Fruchtfolge betrieben wird, ausgehen können. Es bildet sich unter solchen Bedingungen ein höchst sensibler, aber auch sehr effektiver landwirtschaftlicher Organismus aus, der aus sich heraus eine große Fruchtbarkeit entwickelt und perpetuell, also fortwährend, kontinuierlich ist. Es kommt zu einer echten Urproduktion in Verbindung mit einem schonenden Umgang mit Ressourcen und einer Belebung des Bodens und der Umwelt. Erstaunlich ist dabei aber auch, dass sich keine Degenerationserscheinungen am Boden und an den Pflanzen zeigen. Als Landwirt oder Gärtner hat man, wenn man seinen Betrieb in der Entwicklung über viele Jahre begleitet, die innere Sicherheit gewonnen, dass das System des geschlossenen Betriebskreislaufes zusammen mit allen anderen biodynamischen Maßnahmen dazu führt, dass der Hof eine größere Widerstandskraft und Anpassungsfähigkeit gegenüber Veränderungen in der Umwelt entwickelt hat. Das zeigt sich auch in stabilen Erträgen.

Der wachsame Beobachter kann im Laufe der Jahre seiner biodynamischen Tätigkeit eine dauerhafte Fortentwicklung des Hofes zu einer immer größeren Selbstorganisation erleben. Man kann so den Eindruck gewinnen, als würde durch den Zusammenklang der verschiedenen Organe der landwirtschaftlichen Betriebsindividualität eine Art Lerneffekt entstehen, durch den eine immer größere Vollkommenheit erreicht wird.

Im letzten Vortrag des Landwirtschaftlichen Kurses weist Steiner noch einmal hin auf das Verhältnis von den Pflanzenteilen, die über der Erde wachsen (Blätter und Blüten), in der Auseinandersetzung mit der Luft das Astralische (ihre Gestalt) hinzuentwickeln, und der Ich-Anlage im Dung, durch die wir mit dem Misten das Ich an die Wurzeln der Pflanzen heranbringen, sodass die Pflanze im Verkehr mit dem Dünger ihre Ich-Anlage entwickeln kann. Weiter heißt es dann, dass, wenn die Tiere in der richtigen Weise von den Pflanzen fressen, sie in demjenigen, was von ihnen als Dünger kommt, die richtigen Ich-Kräfte entwickeln, die wiederum aus der Wurzel heraus die Pflanze in der richtigen Weise in der Richtung der Schwerkraft wachsen lassen. Und dann sagt Steiner: «Es ist eine wunderbare Wechselwirkung. Aber diese Wechselwirkung muss man vorschreitend verstehen. Nun sehen Sie, dadurch, dass das so ist, ist eine Landwirtschaft eine Art Individualität.»[63]

In diesem Absatz kommt nach meiner Auffassung der Ansatz von Steiner, dass ein sich im Zeitenlauf entwickelnder biodynamischer Hof zu einer sich selbst organisierenden Einheit (Individualität) heranreifen kann, deutlich zum Ausdruck. Damit eine solche Entwicklung beginnen kann, müssen die Bedingungen, die durch den Menschen geschaffen werden, aber stimmen. Die Art der Betrachtung einer Landwirtschaft als lernender Organismus ist unserem heutigen Denken ziemlich fremd, obwohl das Prinzip der Selbstorganisation und der daraus resultierenden Entwicklung nicht nur im Menschen anzutreffen ist, sondern auch in der Natur.

Überraschende Entwicklungen durch dissipative Strukturen[64]

In seinem Buch «Evolutive Agrarkultur»[65] weist Nikolai Fuchs auf die Arbeit von Ilya Prigogine hin. Dieser belgische Wissenschaftler hat für seine Forschung an «dissipativen Strukturen»[66] den Nobelpreis für Chemie erhalten. Dissipative Strukturen zeigen sich in den verschiedensten Bereichen der Chemie, der Biochemie, aber auch in vielen lebenden Organismen.

Dissipative Strukturen entwickeln sich allgemein in offenen Systemen oder Organismen aus einem Chaos heraus. Das Chaos ist eine Voraussetzung für die Bildung von dissipativen Strukturen. Sie sind fern vom Gleichgewicht, halten dieses Ungleichgewicht in stabilen Formen aufrecht. Durch die Ferne vom Gleichgewicht können sie ihre innere Dynamik entfalten und erhalten und bilden die Voraussetzung für höheres Leben. Entwickeln sich diese Strukturen hin zum Gleichgewicht, so verlieren sie an Dynamik und Lebendigkeit. Organismen, die in dissipativen Strukturen leben, sind offen und werden mit Wasser, Luft, Energie und Nahrung von außen versorgt. Sie sind mit ihrer Umgebung durch ein riesiges Stoffwechselnetzwerk verbunden und werden von ihm erhalten. Dieses Stoffwechselsystem hält die Organismen immer fern vom Gleichgewicht. Trotzdem bleiben sie aber stabil. Durch dieses Fernhalten vom Gleichgewicht erhalten dissipative Strukturen ihre große Beweglichkeit. So kommt es immer wieder zu Rückkopplungsschleifen, aus denen sich eine zeitweilige Instabilität (Chaos) zeigt, durch die aber evolutive Entwicklungen eingeleitet werden. Es ist nicht genau vorauszusagen, in welche Richtung die Veränderung verlaufen wird, sie ist aber durch die eigene Geschichte und die äußeren Bedingungen geprägt und einzigartig. Sie führt zu immer komplexeren Strukturen. Dissipative Strukturen sind also selbstorganisiert, stabil, neigen zu dynamischen, nicht berechenbaren Entwicklungen und sind nicht linear, was bedeutet, dass die Stoffeingänge nicht proportional zu den Stoffausgängen sind. Sie befinden sich fern vom Gleichgewicht, sind aber ständig fließend und in Bewegung.

Zum Beispiel bildet die Erdoberfläche im Zusammenhang mit der Atmosphäre ein gleichgewichtsfernes energieumsetzendes (dissipatives) System, das durch die Einstrahlung der Sonne Energie aufnimmt und durch Wärmeabstrahlung in den Weltenraum abgibt. Innerhalb dieses Systems kann sich eine Vielzahl dissipativer Strukturen bilden, wie Wolken, Flüsse oder Wirbelstürme.

Ganz anders zeigen sich Entwicklungen, die aus Systemen entstehen, die sich in einem Gleichgewicht befinden. Die Stoffeingänge verhalten sich in diesen Systemen proportional zu den Stoffausgängen. Hier findet man die allgemeingültigen Naturgesetze, und Ursachen und Wirkungen sind klar zuzuordnen.

Die landwirtschaftliche Betriebsindividualität als ein in sich geschlossenes System, welches aber nach außen offen ist und Sonnenenergie, Wasser und Luft aufnimmt, aber auch in den Weltenraum abgibt, kann durchaus dissipative Strukturen entwickeln. Eine wichtige Voraussetzung dafür scheint aber zu sein, dass der Boden nicht durch den Einsatz von Mineraldünger zum Gleichgewicht gebracht wird und wir den Hof durch eine vielfältige Gestaltung fern vom Gleichgewicht halten. Eine weitere wichtige Maßnahme, um diese Dynamik der dissipativen Strukturen zu erreichen, ist nach meiner Auffassung das weitgehende

Schließen des Betriebskreislaufs. Gelingt uns das, so kann sich innerhalb des Systems eine besondere Dynamik mit evolutivem Charakter entwickeln, die den Hof in seinen ihm eigenen Entwicklungsmöglichkeiten stärkt. Diese Tatsache könnte vielleicht auch viele Phänomene, die wir als biodynamische Bauern nach der Umstellung erleben, erklärbarer machen.

Die Einzigartigkeit der Richtung, in welche sich ein sich in dissipativen Strukturen befindender Organismus entwickelt, erinnert stark an den Menschen, der in seinen Handlungen nicht so einfach zu kalkulieren ist, eben auch einzigartig ist. Die Aspekte der Unvorhersehbarkeit der Entwicklung und der Selbstorganisation in dissipativen Strukturen gleichen der Individualität des Menschen. Deutlich wird hier wieder, mit welcher Art von Empfindlichkeit wir es bei einer landwirtschaftlichen Betriebsindividualität zu tun haben. Im Umgang mit ihr sind Aufmerksamkeit und kooperatives Verhalten angesagt, und alle Maßnahmen, die zu einer Vereinseitigung des Betriebes führen könnten, sind sehr sorgfältig abzuwägen.

Siebte Übung

Im Buch «Theosophie» schreibt Steiner zum Ich: «Das ‹Ich› wird immer mehr Herrscher über Leib und Seele.»[67]

Nimm diesen Satz in deinen seelischen Resonanzraum und erspüre, ob sich diese Aussage auch mit deiner Hofindividualität in Verbindung bringen lässt. Kannst du auf deinem Hof vom Beginn der Umstellung bis jetzt ein Vorschreiten, eine Entwicklung hin zu individuelleren Verhältnissen beobachten? Was wäre noch zu tun, um eine weitere Individualisierung zu fördern?

9 Die Individualisierung von Landschaften und Höfen durch aktive Gestaltung des Ortes

Im siebten Vortrag des Landwirtschaftlichen Kurses weist Steiner auf die Bedeutung des Zusammenhanges der Naturgegebenheiten eines Hofes mit dem gesamten Betrieb hin. Er spricht da über die naturintimen Wechselwirkungen, die wir beachten sollen, wenn wir es zu tun haben mit dem Zusammenleben von Mineral, Pflanze und Tier. Den Menschen nimmt er hier zunächst aus, bezieht ihn aber gleich wieder mit ein, indem er sagt, dass die in der Natur vorkommenden Wesen sehr häufig ja nur so betrachtet werden, als ob sie allein dastünden. Für die Art, wie die Natur betrachtet wird, sind allein die Menschen verantwortlich. Sie müssen mit ihrem Denken, Fühlen und Wollen die Zusammenhänge erfassen lernen und als Landwirte aus dem Erkannten aktiv die Gestaltung ihres Hofzusammenhanges vornehmen.

Das bedeutet, dass wir einen Sinn für die Zusammenhänge an unserem Ort entwickeln müssen, sodass wir eine Ganzheit erleben können. Die Landwirtschaft kann sich dadurch in einer gesunden Weise mit der Landschaftsgestaltung und Landschaftspflege entwickeln. Durch dieses Vorgehen entsteht eine Steigerung der geistigen Substanz, aus der heraus sich der landwirtschaftliche Betrieb zu einem individuellen Ganzen entwickeln kann. Hier zeigt sich ein weiterer Aspekt der Individualisierung von Höfen und Standorten, der mit der Schließung der Stoffkreisläufe und der sich daraus ergebenden Belebung der Erde zusammenfließen sollte.

Unberührte Natur trägt keine oder nur sehr wenige Merkmale einer Individualisierung in sich, denn sie befindet sich in einem vom Menschen weitgehend unbeeinflussten Naturzustand. In einer so unberührten Urwaldlandschaft fällt die räumliche Orientierung für den durch die Zivilisation geprägten Menschen sehr schwer. Er kann keine Elemente finden, die er wiedererkennen kann. Einzig die Wasserläufe können hier eine Hilfe sein.

In Gegenden, die vom Menschen besiedelt sind, zeigen Landschaften ein über viele Jahre entstandenes Bild, welches sich individuell entwickelt hat. Durch die Auseinandersetzung des Menschen mit der Natur über viele Generationen hinweg ist die Landschaft individuell, also erkennbar geworden, und man kann, mit einigermaßen offenen Sinnen, sogar die Geschichte eines Ortes erahnen, ähnlich dem Lebenslauf eines Menschen. Wie oben dargestellt, sind diese Prägungen von Landschaften oft durch die Tätigkeiten der Menschen entstanden, ohne dass man viel darüber nachgedacht hat. Manchmal drücken sich in ihnen aber auch Ansinnen und Gewohnheiten von ganzen Volksgruppen aus. So hatte die Knickverordnung des dänischen Königs Christian VII. einen enormen Einfluss auf das Landschaftsbild der Herzogtümer Schleswig und Holstein, in denen auch unser Hof liegt. Er hob durch seine Agrarreform von 1770 die gemeinschaftliche Nutzung von Fluren auf und erließ ein Verkoppelungsgesetz, durch das die Bauern angehalten wurden, ihre eigenen Koppeln durch die Anlage von Wallhecken (Knicks) abzugrenzen und zu schützen. Daraus ist die zum Teil noch gut erhaltene vielfältige Knicklandschaft mit ihrer außerordentlich positiven ökologischen Wirkung entstanden. Sie umfasst auch heute noch 46.000 km Knicks und bietet rund 7.000 Tierarten Lebensraum.

Man kann also sagen, dass es ohne die Menschen keine Landschaften und natürlich auch keine Höfe im heutigen Sinne geben würde. Von Höfen und Landschaften zu sprechen, ergibt nur einen Sinn, wenn wir in ihnen die Auseinandersetzung und die Intentionen der Menschen mit der Landschaft erkennen können.

Als Rudolf Steiner 1924 sagte, dass eine Landwirtschaft ihr Wesen im besten Sinne erfüllt, wenn sie wie eine Art Individualität aufgefasst wird, war es noch selbstverständlich, dass Landschaften und Höfe individuell waren. Das kann man meines Erachtens auch an dem mitklingenden Selbstverständnis dieser Aussage bemerken. Im Zuge der Industrialisierung von Landwirtschaften in den letzten 70 Jahren wurden die Landschaften durch die agrotechnischen Maßnahmen, aber auch durch die Beseitigung von bei der Bewirtschaftung störenden Landschaftselementen immer weniger individuell. Die Tendenz geht hin zu Agrarsteppen, in denen es wenig Bäume, Wasserläufe, Blühpflanzen, Randstreifen und Lebensraum für Wildtiere und auch nicht mehr für

Haustiere gibt. Dafür findet man aber einige wenige Kulturen, die angebaut werden, die wie mit dem Lineal gezogen völlig gleichförmig wachsen und riesige Flächen bedecken. Es gibt hier nur noch wenig Individuelles.

Die wesensgerechte Gestaltung von Landschaften als Aufgabe der biologisch-dynamischen Landwirtschaft

So ist es nach meiner Auffassung eine der wichtigsten Aufgaben der Anthroposophie und der biodynamischen Landwirtschaft, Wege aufzuzeigen, wie Landschaften und Höfe in ihrer Einmaligkeit bewusst durch den Menschen erkannt und wieder für eine Neugestaltung ergriffen werden können. Was zuvor durch unsere Vorfahren an Individuellem in den Landschaften entwickelt wurde, kann in neuer Form durch geübte Bauern aufgegriffen und in die Zukunft fortentwickelt werden. Es können aber auch ganz neue Gesichtspunkte in die Gestaltung unserer Landschaften und Höfe eingebracht werden.

Wir sind als Bauern durch die auf Produktion und Effektivität ausgerichteten Ausbildungsinhalte einseitig geprägt. Die Art, wie wir dadurch in unsere Betriebe schauen, vernachlässigt viele grundlegende Aspekte, die für eine gedeihliche Entwicklung der Kulturlandschaften wichtig sind. Durch den mit diesen Ausbildungen verbundenen Sinn für Nützlichkeit sind unsere Vorstellungen über das Verhältnis von Landwirtschaft zu Landschaften dominiert. So freuen wir uns über lange, rechtwinkelige Ackerschläge, die möglichst auch eine ausreichende Größe aufweisen sollten. Hügeliges Land ist nicht so einfach zu bewirtschaften wie ebene Flächen, und die Qualität der Böden sollte auch so sein, dass wir alle Möglichkeiten bei der Auswahl der anzubauenden Kulturen haben. Beherrscht dieser reißbrettartige Wunschkatalog für eine moderne Landwirtschaft unser Bewusstsein, so werden wir keinen Zugang zu anderen Aspekten der Landschaftswahrnehmung finden. Wir benötigen für die Individualisierung von Höfen einen Ansatz, der uns die gesamte Einheit der gegebenen Landschaft näherbringt, damit auch andere Gesichtspunkte als die der rein praktischen Landwirtschaft zur Gestaltung von Höfen berücksichtigt werden.

Auf dem Weg zu einem vertieften Erleben der Landschaft

Auf Hof Sophienlust hat eine Gruppe von Bauern, Gärtnern und Künstlern über lange Zeiträume an Wochenenden einen Weg verfolgt, der zu einer intensiveren Auseinandersetzung des Menschen mit Natur und Landschaft führen kann. Wir wurden dabei methodisch unterstützt von Dr. Jochen Bockemühl, der teilweise anwesend war und uns half, diesen Ansatz übend zu vertiefen. Eine Grundlage bildeten bestimmte Vortragstexte[68], aber auch das Werk «Grundlinien einer Erkenntnistheorie der Goetheschen Weltanschauung»[69] von Rudolf Steiner. Die Ergebnisse wurden in Wort, Bild und Schrift festgehalten. Ich werde im Folgenden versuchen, dies in Kürze darzustellen.

Man sollte sich zunächst im Klaren darüber sein, dass die Art, wie wir in die Welt schauen, in vielen Fällen von unseren Vorstellungen und nicht von der Wirklichkeit geprägt ist. Wenn man seine Vorstellungen beiseitelässt, vielleicht zum ersten Mal wirklich die Landschaft bewusst anschaut und versucht, sie in allen Einzelheiten zu erfassen, dann bemerkt man, wie schwer es ist, über den ersten, sehr undeutlichen Eindruck der vorhandenen Stimmung hinauszukommen. Um tiefer in die Dinge eindringen zu können, ist es zunächst nötig, sein Denken und Fühlen, das normalerweise bei jedem Sinneseindruck unbemerkt ineinandergreift, zu trennen.

Die Ausbildung des Tatsachensinns

Man versucht zunächst wirklich nur, ohne das übliche Nützlichkeitsdenken, ohne weitere Gefühle oder Interpretationen das Wahrgenommene der Erscheinungen zu erfassen. Wir müssen uns innerlich so frei machen, dass die Dinge selbst in unserem Bewusstsein zur Geltung kommen und sich aussprechen können. Dabei sollen wir dem Wahrgenommenen nichts hinzufügen, aber auch nichts weglassen. Wir versuchen so, den Sinn für Tatsachen zu entwickeln. Eine sehr gute Hilfe zur Ausbildung des Tatsachensinns kann es sein, wenn man sich nach der genauen Beobachtung einer Landschaft von dieser abwendet und sie aus der Erinnerung malt. Dabei kann man bemerken, wie ungenau wir im Allgemeinen hinschauen. Das genaue Hinschauen fördert bei der nächsten Wahrnehmung des Ortes ein noch genaueres Hinschauen und steigert die Intensität der Beziehung. Die Verbindung mit den Gegebenheiten vor Ort wird durch das stetige Üben im Laufe der Zeit immer tiefer.

Die Ausbildung des Schönheitssinns

Wenn man eine Landschaft über einen längeren Zeitraum immer wieder beobachtet, so bemerkt man, wie die wahrgenommenen Bilder sich über das Jahr verändern. Allein die verschiedenen Jahreszeiten, ja sogar die unterschiedlichen Tageszeiten, das Wandern der Fruchtfolge und der Tiere über die Flächen und so weiter eröffnen dem Beobachter jedes Mal neue Möglichkeiten, die Landschaft aus einer anderen Perspektive kennenzulernen. Im Werden und Vergehen der Natur erleben wir einen rhythmischen Zusammenhang, der uns immer bewusster und nachfühlbarer wird, indem wir die verschiedenen Bilder, die wir im Jahreslauf wahrnehmen, bewusst miteinander verbinden. So lernen wir durch unseren Sinn für Schönheit die Naturzusammenhänge in unserer Seele zu erfassen und wirklich innerlich zu erleben. Aus diesem innerlichen Erleben formt sich langsam in uns ein Bild von unserer Landschaft und unserem Hof.
Der Schönheitssinn kann den Übenden dazu verleiten, die Realität des Tatsachensinns zu vergessen – dann entwickeln sich Wunschträume, die keine ausreichende Grundlage für die richtige Erkenntnis und spätere Gestaltung bilden. Deshalb muss der Schönheitssinn immer in enger Verbundenheit mit dem Tatsachensinn gepflegt werden.

Bild 8: Die vier Jahreszeiten einer Landschaft im östlichen Schleswig-Holstein – Frühling

Bild 9: Die vier Jahreszeiten einer Landschaft im östlichen Schleswig-Holstein – Sommer

Bild 10: Die vier Jahreszeiten einer Landschaft im östlichen Schleswig-Holstein – Herbst

Bild 11: Die vier Jahreszeiten einer Landschaft im östlichen Schleswig-Holstein – Winter

Die Ausbildung von Güte

Pflegt man den Tatsachensinn in Verbindung mit dem Sinn für das Schöne über einen längeren Zeitraum bei der Wahrnehmung, so entwickelt sich ein anteilnehmendes Mitfühlen, ein Interesse an den anderen Wesen. Man entwickelt ein tieferes Verständnis für das, was wir in der Natur als Stimmungen finden. Aus diesem Verständnis fließt uns seelisch zu, welche Elemente in unserem Hof, unserer Landschaft fehlen, damit der Ort in seiner ihm eigenen Art sich fortentwickeln kann zu seiner eigenen, immer individuelleren Wesenheit. Es spricht sich hier nicht menschliche Willkür aus, sondern es entstehen Ideen, die eng mit dem Tatsachensinn verbunden sind und zur Vervollkommnung der Landschaft beitragen können. Rudolf Steiner formuliert etwa: Beim Anblick der Sorgenfalten in der Seele des anderen Wesens bekommt unser Astralleib selbst diese Sorgenfalten.[70] Aus diesem tieferen seelischen Verstehen können wir dann die Motive für unseren Umgang mit der Landschaft entwickeln.

Durch den Tatsachensinn können wir den gegenwärtigen Erscheinungszusammenhang der Landschaft erkennen, zum Beispiel die einzelnen Elemente der Landschaft, ihr Relief, die Wasser- und Trockenheitsaspekte, die verschiedenen Pflanzen mit ihren durch den bestimmten Standort in besonderer Weise geprägten Formen und Farben, die Licht- und Schattenverhältnisse.

Durch die Anwendung des Schönheitssinns entwickeln wir ein Organ für den Verwandlungszusammenhang von Landschaften. Hier bildet sich nicht nur ein Sinn für die Verwandlung der Landschaft im Jahreslauf anhand der Vegetation, sondern man entwickelt auch einen Sinn für die Veränderung der Landschaften über viele Jahre hin.

Durch das anteilnehmende Interesse eines Menschen wird dieser immer vertrauter mit dem Lebenszusammenhang seines Hofes. Er versteht immer besser, was seinen Ort individuell macht, und es kann auch deutlicher werden, welche Bildungstendenzen am Ort wirken und wie bereits die vorhergehenden Generationen diese Bildungstendenzen erkannt haben und bei ihrer Gestaltung der Landschaft haben einfließen lassen. Man erfasst immer bewusster die seelische Stimmung des Ortes und bemerkt, wie die Tierwelt durch ihre Innerlichkeit diese Stimmung noch bestärkt. Das führt dazu, dass wir innerlich belebte Bilder davon bekommen, welche Möglichkeiten und Zukunftsimpulse in der Landschaft zu finden sind, die uns als Bauern anvertraut ist. Wir gewinnen so eine wirklich ganzheitlich fundierte Perspektive zur Gestaltung eines Hofes und können daraus auch zu praktischen Handlungen kommen. So kann die Individualität des Ortes immer besser zum Ausdruck gebracht werden.

Wir haben auf Hof Sophienlust aufgrund der jahrelangen Auseinandersetzung mit unserem Standort viele praktische Maßnahmen in der Landschaftsentwicklung durchgeführt (Anlage von Hecken, Teichen, Feldgehölzen, Freilegung von einst verrohrten Bächen, Bepflanzung von Bächen und so weiter). Die Landschaftsgestaltung ging nie zulasten unserer landwirtschaftlichen Tätigkeit, sondern die Landwirtschaft entwickelte eine immer größere Vielfalt, die sich auch in der stärkeren Ausbreitung von Nützlingen bemerkbar machte. Der Hof gewann auch dadurch eine immer größere Produktionssicherheit. Außerdem haben wir durch diese Aktivitäten im Laufe der Jahre viel Anerkennung durch die Gesellschaft erhalten, denn die Belebung der Landschaft wurde von den Mitmenschen vor Ort bemerkt. Wir haben die oben erwähnten praktischen Maßnahmen der Landschaftsentwicklung auch durchgeführt, wenn eine Förderung durch die öffentliche Hand nicht möglich war.

Achte Übung

Wenn du die Landschaft deines Hofes besser kennenlernen möchtest, dann können dir die Absätze über den Tatsachensinn, den Schönheitssinn und die Entwicklung der Güte als Grundlage für dein Vorgehen dienen.

Suche dir zwei bis drei Orte auf deinem Hof aus, bei denen du den Eindruck hast, dass sie den gesamten Hof repräsentieren. Beginne an diesen Orten mit deinen Beobachtungsübungen, versuche sie nach der Übung aus der Erinnerung zu malen. Gleichzeitig beschreibe die

Stimmung am Ort zum Zeitpunkt des Malens und halte sie schriftlich fest. Versuche zu allen vier Jahreszeiten eine Beobachtungsübung mit Beschreibung durchzuführen und vergleiche die Bilder und die Textstimmungen miteinander.

Wenn es dir Freude bereitet, so mache diese Übung über mehrere Jahre. Gleichzeitig ist es sinnvoll, wenn du die Standorte beschreibst (Lage, Höhe, Relief und so weiter).

Erfasse die Pflanzen, die vor Ort wachsen, genau. Gut ist, sie zu trocknen und auf Papier zu kleben. Erfasse die Geräusche der Tiere und die Tiere, die du siehst. Schreibe sie auf.

Beschäftige dich mit der Entstehung des Ortes und seiner Prägung durch die Menschen im Laufe der Geschichte.

Schreibe alle Arbeitsergebnisse auf und verwahre auch die Bilder gut. Eine gute Dokumentation kann später auch helfen, den Tatsachensinn mit dem Schönheitssinn sachgerecht innerlich zum Klingen zu bringen.

Suche dir eine Gruppe von Menschen, die auch Freude an einer solchen Arbeit haben. Dann ist es einfacher, mehrere Orte zu erfassen und zu begleiten. Außerdem kann man gemeinsam über das Beobachtete, über die Stimmungen, die erlebt wurden, sprechen, und die Bilder können zusammen angeschaut werden. Das hilft, die eigenen Erlebnisse zu versachlichen.

Du wirst bemerken, dass du dich nach einiger Zeit reich beschenkt fühlst und dass sich die Überwindung wirklich gelohnt hat. Du entwickelst immer mehr Verständnis für deinen Ort und bekommst größere Klarheit in deine physischen und seelischen Wahrnehmungen beim Erfassen von Stimmungen und Wirkungen. (Die Menschen, mit denen wir gemeinsam diese Arbeit über viele Jahre gemacht haben, sprechen noch immer begeistert über diesen Arbeitskreis. Sie sagen, dass sie noch heute durch diese Arbeit stark geprägt werden und dass ihnen die damals gemachten Erfahrungen noch immer in ihrem Erkenntnisstreben hilfreich sind.)

Wenn du mit den Bildungstendenzen deines Hofes vertrauter bist, dann überlege, durch welche gestalterischen Maßnahmen du die

Landschaft deines Ortes in ihrem individuellen Charakter noch fördern kannst. Welche Veränderungen erscheinen dir angemessen und sind auch umsetzbar? Beginne mit kleinen, überschaubaren Vorhaben. Auch bei diesen Tätigkeiten helfen Freunde, Verbraucher und Hofmitarbeiter gerne mit.

Die Individualisierung von Orten

Durch den oben dargestellten Weg der Übung lernt man auf eine durchaus moderne, nachvollziehbare Art immer mehr seinen Standort kennen. Wir können uns dem Geist des Ortes (Genius Loci) immer besser annähern und lernen auch aus ihm heraus unsere Handlungen zu gestalten.

Es wird deutlich, wie eine Kulturlandschaft oder ein Hof auch einen höheren Zusammenhang bilden kann, eine Art Individualität, die es zu erkennen gilt, sodass man aus ihrer eigenen Gesetzmäßigkeit seine Handlungen und Maßnahmen ableitet. Diese Individualität ist auch eine in der Zeit sich fortentwickelnde, das heißt, es kommt im Laufe der Zeit zu einer Steigerung der individuellen Ausdrucksform des Geistes der Landschaft, ähnlich wie Steiner es mit seinen oben dargelegten Gedanken der menschlichen Individualität und ihren Entwicklungsmöglichkeiten beschrieben hat.

In einer Zeit, in der die Kulturlandschaft immer stärker vereinheitlicht wird, sodass Arten massiv ihren Lebensraum verlieren und aussterben, zeigt sich hier ein zukunftsfähiges Konzept, bei dem der Mensch immer stärker lernt, nicht seine Vorstellungen und Lieblingsmeinungen bei der Gestaltung von Orten walten zu lassen, sondern von sich selbst loszukommen und sein Denken, Fühlen und Wollen der Gesetzmäßigkeit des Ortes zur Verfügung zu stellen. Dadurch kann er der Wirklichkeit näher kommen und seine Erkenntnisse vertiefen. So können sich Orte immer individueller und ökologisch stabiler mithilfe des Menschen ausgestalten. Es beginnt sich ein neues Leben zu entwickeln.

Biologisch-dynamische Landwirtschaft als zeitgemäße Schulung für die Entwicklung von menschlichen Fähigkeiten

Man kann aus den dargelegten Inhalten dieser Schrift deutlich ersehen, wie das menschliche Bewusstsein mit der Erde und ihrer Entwicklung verbunden ist. Erfüllen ausschließlich die Rationalität, die Effektivität, wirtschaftliche Prosperität, Nützlichkeitsdenken und die eigene Vorteilsnahme unser Bewusstsein, so ist unser Blick sehr eingeengt und es ist nicht möglich, eine landwirtschaftliche Individualität mit ihren Eigenheiten zu erfassen und aufzubauen. Unsere Handlungen sind dann vorwiegend von einem sehr einseitig wirkenden, auf uns selbst bezogenen Ego geprägt, und andere wichtige Aspekte des menschlichen Daseins, wie die Entwicklung und die Pflege des Lebens, der seelische Bezug zu den Dingen, das Empfinden für die Erde, für unsere Mitwelt und die anderen Menschen sowie das Erkennen einer geistigen Ordnung, die allen Erscheinungen der Welt zugrunde liegt, gehen verloren. Diese Defizite der einseitig egodominierten Handlungsweisen haben die Menschen und die Welt heute in die sehr kritische ökologische, ökonomische, soziale und geistig-mentale Situation geführt.

Schaut man auf die Fähigkeiten, die der Mensch benötigt, um eine landwirtschaftliche Individualität zu entwickeln, so zeigt sich deutlich, dass dies nur möglich ist, wenn man selbst beginnt, diese einseitige Wirkung des Egos zu erkennen und zu begrenzen. Das heißt, man muss sein vorwiegend von Eigeninteressen geprägtes Denken, Fühlen und Wollen zunächst ganz zurücknehmen und sich fragen: Was benötigt dieser Hof und wie kann ich diese Bedürfnisse des Hofes möglichst rein erfassen, sodass sich das Individuelle des Standortes in meiner Seele aussprechen kann? In den eigenen Wahrnehmungen sprechen sich dann immer stärker die Bedürfnisse der Mitwelt aus, und unsere Handlungen, die aus dieser Wahrnehmung resultieren, werden in ihren Wirkungen immer umsichtiger, weniger störend für alle anderen Wesen.

Wir müssen also lernen, unser Bewusstsein in einer vollkommen selbstlosen Art der Welt zur Verfügung zu stellen. Das führt aber nicht dazu, dass wir unsere Bewusstseinskräfte schwächen, sondern sie werden dadurch in ihrer Entwicklung gefördert und verstärkt. Rudolf Steiner spricht in der Michael-Imagination darüber, dass es in der heutigen Zeit darauf ankommt, ein selbstloses Selbstbewusstsein zu entwickeln.[71]

In diesem Weg der Übung zu einem selbstlosen Selbstbewusstsein, den wir als Bauern mit der Führung und Entwicklung unseres Hofes beschreiten können, zeigt sich ein Schulungsweg, der nach meiner Auffassung für die gesamte Menschheit in der heutigen Zeit von Bedeutung sein kann. Schaut man auf die Krisen in der Welt, so zeigt sich in aller Deutlichkeit, dass es eine Krise des Menschen gibt, der ein Bild von sich und der Welt hat, welches nicht der Wirklichkeit entspricht und verheerende Zerstörungen zur Folge hat. Der Schlüssel zur Lösung dieser Krisen liegt in einer Veränderung des menschlichen Bewusstseins hin zu einem selbstlosen Selbstbewusstsein.

Textstellen zum Thema Individualisierung von Höfen

Diese Textstellen sind keine Zitate, sondern wurden aus den Zusammenhängen des Kurses herausgelöst und zum Teil auch in meine Worte gekleidet. Das war notwendig, um die wichtigen Stellen unabhängig von allen möglichen Nebenbemerkungen in möglichst reiner Form herauszustellen – denn erst dann sind sie wirklich denkbar. Ich habe mich aber bemüht, die wichtigen Worte, die die Inhalte besonders verdeutlichen und irgendwie markant sind, in den Aussagen unterzubringen.

Die Seitenangaben beziehen sich auf die 7. Auflage 1984.

(S. 43)

- Die Landwirtschaft erfüllt im besten Sinne des Wortes ihr Wesen, wenn sie als eine Art Individualität aufgefasst wird,
- eine Art in sich geschlossener Individualität,
- die das, was sie braucht, aus sich selbst hervorbringt,
- auch den entsprechenden Viehbesatz.
- Düngemittel von auswärts sollen als Heilmittel betrachtet werden.

(S. 44)

- Diese Individualität ist dreigegliedert.
- Ihr Kopf mit dem Nerven-Sinnes-System liegt unterhalb des Bodens.
- Ihr Stoffwechsel-Gliedmaßen-System liegt über dem Boden. Mensch und Tier gehen im Bauch umher. Die Pflanzen wachsen in den Bauch hinein.
- Der fruchtbare Boden ist das Zwerchfell, welches zwischen dem Kopf und dem Stoffwechsel durch seinen Atemrhythmus einen Ausgleich schafft.

(S. 50)

- Das, was unterhalb des Erdbodens liegt, gehört auch zu der in der

Zeit fortlaufenden Individualität. Das Leben der Erde ist ein besonders starkes gerade zur Winterzeit, während es zur Sommerzeit hin erstirbt.

(S. 59)

- Zu einem Erdengebiet gehört nicht nur das Pflanzliche, sondern es gehört auch ein bestimmtes Tierisches dazu.
- Vom Tierischen können wir nicht absehen, denn es besteht das Eigentümliche, das die beste kosmisch-quantitative (früher qualitative) Analyse sich selbst vollzieht im Zusammenleben von Pflanzen eines Gebietes mit den Tieren eines Gebietes.
- Pferde, Kühe und Schweine geben dann so viel Mist miteinander, wie die Landwirtschaft braucht, um dem Chaosgewordenen noch etwas hinzuzusetzen.

(S. 62)

- Der tierische Organismus lebt im ganzen Zusammenhang des Naturhaushaltes drinnen.
- Form- und Farbgestaltung, aber auch Struktur und Konsistenz seiner Substanz, von der Schnauze gegen das Herz hin bis zum Schwanz, sind vom Kosmos durchwirkt.
- Kopf, sonnenferne Planeten Mars, Jupiter und Saturn,
- gegen das Herz hin die Sonne,
- gegen den Schwanz hin die sonnennahen Planeten Merkur, Venus und Mond.

(S. 62)

- Man kann das Tier aufrichten, sodass der Kopf in der Erde steckt und das Hinterteil nach oben zeigt. Dann haben wir die unsichtbare landwirtschaftliche Individualität.
- Damit kann man aus der Formgestalt des Tieres heraus eine Beziehung finden zwischen dem, was das Tier an Mist liefert, im Verhältnis zu demjenigen, was die Erde braucht, deren Pflanzen das Tier frisst.
- Man muss den Tierbestand zur Individualität hinzurechnen.

(S. 198)

- Alles, was beim Menschen und beim Tier in der Kopforganisation ist, das ist von irdischer Materie. Schon im Embryo wird die irdische Materie hineingeleitet in die Kopforganisation.
- Die Organisation des Embryos muss so eingerichtet sein, dass der Kopf seine Stoffe von der Erde bekommt.
- Es ist im Kopf irdische Stofflichkeit.

(S. 199)

- Alles, was wir an Stofflichkeit im Stoffwechsel-Gliedmaßen-System haben, zum Beispiel Därme, Muskeln und Knochen, das stammt aus der Luft und aus der Wärme über der Erde. Das ist kosmische Stofflichkeit.
- Die Klaue bildet sich nicht aus der physischen Materie, die das Tier frisst, sondern das, was durch die Sinne und die Atmung aufgenommen wird, bildet die Klaue zu kosmischer Materie. Wir haben überall kosmische Stofflichkeit in diesem Bereich.
- • Das, was das Tier frisst, dient nur den Bewegungskräften im Tier, dazu, dass das Kosmische im Stoffwechsel-Gliedmaßen-System zur Klaue hingetrieben werden kann.
- In der Stoffwechsel-Gliedmaßen-Organisation haben wir es mit den irdischen Kräften zu tun. Man schaltet sich fortwährend in die Erdenschwere ein, und alles, was man mit den Gliedmaßen tut, ist an das Irdische gebunden, hat mit den irdischen Kräften zu tun.
- Kopf, Nerven-Sinnes-Organisation: irdische Stofflichkeit, kosmische Kräfte.
- Stoffwechsel-Gliedmaßen-Organisation: kosmische Stofflichkeit, irdische Kräfte.
- Was es braucht an Substanzen im Kopf, muss man durch die Nahrung beziehen, die dann in den Kopf geleitet wird. Der Kopf ist gerade auf den Magen angewiesen, nicht auf die große Zehe.
- Der Kopf kann diese Nahrung aus dem Leibe nur verarbeiten, wenn er entsprechende Kräfte aus dem Kosmos beziehen kann.

(S. 200)

- Im Kopf ist irdische Stofflichkeit enthalten.
- Wenn man das edelste Organ aus dem Tier herausschneidet, das Gehirn, so hat man irdische Stofflichkeit.
- Beim Menschen ist es auch so, das Gehirn ist von irdischer Stofflichkeit.
- Das Gehirn dient als Unterlage für das Ich.
- Das Tier hat noch nicht das Ich, sein Gehirn ist auf dem Wege zur Ich-Bildung.
- Beim Menschen geht es immer weiter in die Ich-Bildung hinein.

(S. 201)

- Das, was im Gehirn zum Vorschein kommt als Irdisch-Materielles, ist eine Ausscheidung des ganzen organischen Prozesses.
- Eine bestimmte Menge irdisch/materieller Nahrungsstofflichkeit wird vom Stoffwechselsystem bis in den Kopf geleitet und dort richtig in das Gehirn abgeschieden.
- Die Hirnmasse ist einfach zu Ende geführte Darmmasse.
- Verfrühte Gehirnabscheidung geht durch den Darm.
- Der Darminhalt ist seinem Prozess nach durchaus verwandt mit dem Hirninhalt.
- Das Gehirn des Menschen hat sich auf demselben Wege – nur etwas nach anderer Richtung hin – entwickelt wie der Dung. (Diese Aussage stammt nicht aus dem Kurs, sondern aus der Ansprache vom 17.6.1924 in Koberwitz.)[72]
- Ein fortgeschrittener Dunghaufen ist das im Gehirn sich Ausbreitende.
- Der Dung ist es, der durch den eigenen organischen Prozess in die Edelmasse des Gehirns umgesetzt wird und zur Grundlage der Ich-Entwicklung wird.
- Beim Menschen wird möglichst viel umgesetzt vom Bauchdünger in Gehirndünger, weil der Mensch sein Ich auf der Erde trägt.
- Beim Tier weniger, daher bleibt mehr drin im Bauchdünger, der dann wirklich zum Düngen verwendet wird.

- Da bleibt mehr Ich-Anlage drin, weil das Tier es nicht zum Ich bringt.
- Tierischer Mist enthält noch Ich-Anlage, menschlicher Mist nicht.

(S. 202)

- Wir bringen von außen den Dünger an die Wurzel, das Ich an die Pflanze heran.
- In den Blüten und Blättern der Pflanze finden wir, wie sich oben das Astralische entwickelt durch den Verkehr mit der Luft, unten im Verkehr mit dem Dünger die Ich-Anlage der Pflanze.
- Wenn die Tiere von dem, was über der Erde wächst, richtig fressen, dann entwickeln sie in demjenigen, was von ihnen an Dünger kommt, die richtigen Ich-Kräfte, die dann die Pflanze in richtiger Weise in Richtung Schwerkraft wachsen lassen.
- Diese wunderbare Wechselwirkung muss man vorschreitend verstehen.
- Dadurch, dass das so ist, ist eine Landwirtschaft eine Art Individualität.

(S. 203)

- Natürlich muss man dann die Sache so einrichten, dass sie sich selbst in sich erhalten kann.
- Man muss einfach so viele Tiere in der Landwirtschaft halten, dass man in der Landwirtschaft genügend und richtigen Mist erhält.
- Man muss solches anpflanzen, was die Tiere, die man haben will, durch ihren Instinkt fressen wollen.

Danksagung

Mein Dank gilt den Menschen und Berufskollegen, die sich über viele Jahre mit mir gemeinsam immer wieder über das Verständnis der Inhalte des Landwirtschaftlichen Kurses ausgetauscht haben. Ganz besonders möchte ich mich aber bei meinen Kollegen Fritz Otto und Albrecht Römer bedanken. Sie haben diese Arbeit durch ihre Sichtweise auf die Inhalte dieser Schrift bereichert und mich auch mit guten Hinweisen zum kritischen Überdenken einiger Aussagen angeregt.

Weiter möchte ich mich ganz herzlich bei Frau Dr. med. Barbara Tress für das Korrekturlesen und die Vorschläge zum besseren Verständnis des Abschnittes über die kosmische Ernährung bedanken.

Mein ganz besonderer Dank gilt aber Tom Singer-Carpenter. Er hat nicht nur Korrektur gelesen, sondern mich auch immer wieder ermuntert, diese Grundlagenarbeit zu den Texten am Landwirtschaftlichen Kurs schriftlich zu fixieren. Ein weiterer Dank geht an Frede Klemmer, die die Bilder zu den Inhalten des Textes gemalt hat, und an den Fotografen Bent Nielsen, der diese Bilder fotografiert und dien Fotos bearbeitet hat.

Außerdem gilt mein Dank meiner Frau, die mir in Gesprächen und durch das Lesen der fertigen Abschnitte dieser Schrift eine kritisch anregende Gesprächspartnerin war.

Anmerkungen

1 Rudolf Steiner: *Die Erkenntnis-Aufgabe der Jugend*, Ansprache während der Breslau-Koberwitzer Tagung am 17. Juni 1924, GA 217a. Dornach ^{2}1981, S. 170.

2 Rudolf Steiner: *Von Seelenrätseln*, GA 21. Basel ^{6}2023.

3 Jochen Bockemühl: *Elementarwesen-Wirken in der Natur. Seelische Erscheinungsweise und Übungen*. In: die Drei – Zeitschrift für Wissenschaft, Kunst und soziales Leben. Heft 7, 1986, S. 479.

4 Rudolf Steiner: *Landwirtschaftlicher Kurs. Geisteswissenschaftliche Grundlagen zum Gedeihen der Landwirtschaft*, GA 327. Basel ^{9}2022.

5 Rudolf Steiner: *Ursprung und Ziel des Menschen. Grundbegriffe der Geisteswissenschaft*, GA 53. Dornach ^{2}1981.

6 Rudolf Steiner: *Die Welträtsel und die Anthroposophie*, GA 54. Dornach ^{2}1983.

7 Rudolf Steiner: *Die Geheimwissenschaft im Umriss*, GA 13. Basel ^{32}2021.

8 M. I. Rashid, R. G. M. de Goede, L. Brussaard et al.: *Home field advantage of cattle manure decomposition affects the apparent nitrogen recovery in production grasslands*. In: Soul Biology and Biochemistry, Vol. 57, 2013, S. 320–326. URL: https://doi.org/10.1016/j.soilbio.2012.10.005 (Zugriff: 24.10.2024).

9 Ulrich Köpke: *Vom Genius Loci. Was landwirtschaftliche Individualität ausmacht.* In: Lebendige Erde, 1/2019. Zeitschrift und Verlag für Lebendige Erde, Darmstadt.

10 Rudolf Steiner: *Der Mensch als Zusammenklang des schaffenden, bildenden und gestaltenden Weltenwortes*, GA 230. Basel ^{8}2022.

11 Ebd., Vortrag vom 9. November 1923.

12 Jochen Bockemühl: *Lebenszusammenhänge erkennen erleben gestalten.* Naturwissenschaftliche Sektion der Freien Hochschule für Geisteswissenschaft am Goetheanum, 1986, S. 24.

13 Rudolf Steiner: *Landwirtschaftlicher Kurs,* Vortag am 10. Juni 1924, GA 327. Basel ^{9}2022, S. 32.

14 Vgl. Rudolf Steiner: *Landwirtschaftlicher Kurs,* Vortag am 12. Juni 1924, GA 327. Basel ^{9}2022, S. 79f.

15 Langzeituntersuchung zu biologisch-dynamischen, organisch-biologischen und konventionellen Landbau-systemen durch das *Forschungsinstitut für biologischen Landbau FiBL*. URL: https://www.fibl.org/de/standorte/schweiz/departemente/bodenwissenschaften/bw-projekte/vergleich-biologischer-und-konventioneller-anbausysteme (Zugriff: 24.10.2024).

16 Hein-Arnold Steinborn, Hans Meyer: *Einfluß alternativer und konventioneller Landwirtschaft auf die Prädatorenfauna in Agrarökosystemen Schleswig-Hosteins (Araneida, Coleoptera: Carabidae, Diptera: Dolichopodidae, Empididae, Hybotidae, Microphoridae).* In: Faunistische-Ökologische Mitteilungen 1994/6, S. 409–438. ULR: https://www.zobodat.at/pdf/Faun-Oekol-Mitt_6_0409-0438.pdf (Zugriff: 6.11.2024).

17 Rudolf Steiner: *Initiations-Erkenntnis*, GA 227. Basel [5]2023.

18 Rudolf Steiner: *Der Mensch als Zusammenklang des schaffenden, bildenden und gestaltenden Weltenwortes*, GA 230. Basel [8]2022.

19 Johannes W. Rohen: *Morphologie des menschlichen Organismus*. Verlag Freies Geistesleben, Stuttgart [4]2016.

20 Ebd.

21 Rudolf Steiner: *Philosophie und Anthroposophie. Gesammelte Aufsätze 1904–1918*, GA 35. Basel [3]2014, S. 127.

22 Rudolf Steiner: *Die geistigen Wesenheiten in den Himmelskörpern und Naturreichen*, GA 136. Dornach [7]2009.

23 Rudolf Steiner: *Der Mensch als Zusammenklang des schaffenden, bildenden und gestaltenden Weltenwortes*, Vortrag am 10. November 1923, GA 230. Basel [8]2022, S. 181.

24 Rudolf Steiner: *Initiationswissenschaft und Sternenerkenntnis*, GA 228. Dornach [3]2002.

25 Rudolf Steiner: *Drei Perspektiven der Anthroposophie. Kulturphänomene geisteswissenschaftlich betrachtet*, Vortrag am 22. Juli 1923, GA 225. Dornach [2]1990, S. 172.

26 Rudolf Steiner: *Der Mensch als Zusammenklang des schaffenden, bildenden und gestaltenden Weltenwortes*. Dornach 2003.

27 Ebd.

28 Rudolf Steiner: *Die Brücke zwischen der Weltgeistigkeit und dem Physischen des Menschen*, Vortrag am 5. Dezember 1920, Vortrag am 5. Dezember 1920, GA 202. Dornach [4]1993, S. 72.

29 Rudolf Steiner: *Initiations-Erkenntnis*, GA 227. Basel [5]2023.

30 Rudolf Steiner: *Initiations-Erkenntnis*, Vortrag am 23. August 1923, GA 227. Basel [5]2023, S. 135.

31 Rudolf Steiner: *Über Gesundheit und Krankheit. Grundlagen einer geisteswissenschaftlichen Sinneslehre*, GA 348. Dornach [4]1997.

32 Rudolf Steiner: *Allgemeine Menschenkunde als Grundlage der Pädagogik*, Vortrag am 28. August 1919, GA 293. Basel [10]2019, S. 123.

33 Rudolf Steiner: *Anthroposophische Pädagogik und ihre Voraussetzungen*, GA 309. Basel [6]2017.

34 Rudolf Steiner: *Grundlegendes für eine Erweiterung der Heilkunst nach geisteswissenschaftlichen Erkenntnissen*, GA 27. Basel [8]2014, S. 46.

35 Rudolf Steiner: *Landwirtschaftlicher Kurs*, GA 327. Basel [9]2022.

36 Rudolf Steiner: *Initiationswissenschaft und Sternenerkenntnis*, GA 228. Basel [3]2022.

37 Rudolf Steiner: *Das Geheimnis des Todes. Wesen und Bedeutung Mitteleuropas und die europäischen Volksgeister*, Vortrag am 13. Mai 1915, GA 159. Basel [4]2024, S. 221 f.

38 Vgl. Hülsbergen: *Fast geschlossener Stoffkreislauf – vielseitiges Betriebssystem*. In: Lebendige Erde, Nr. 5/2015, S. 31. Hier wird dargelegt, wie Wiederkäuer in Zusammenhang mit Klee-Gras die höchste Bindung von Kohlenstoff (Humus) erreichen.

39 Dietz, Th., Bachtaler, G.: *Auswirkungen unterschiedlicher Fruchtfolge, Düngung und Bodenbearbeitung auf den Humusgehalt der Böden*. Landwirtschaftliches Jahrbuch 55, 1978, S. 368-377.

40 Johannes W. Rohen: *Morphologie des menschlichen Organismus*. Verlag Freies Geistesleben, Stuttgart [4]2016.

41 Rudolf Steiner: *Das Rätsel des Menschen*, GA 170. Dornach [3]1992.

42 Johannes W. Rohen: *Morphologie des menschlichen Organismus*. Verlag Freies Geistesleben, Stuttgart [4]2016.

43 Siehe Anm. 37.

44 Rudolf Steiner: *Die Erkenntnis des Übersinnlichen in unserer Zeit*, Vortrag am 14. Februar 1907, GA 55. Dornach [2]1983, S. 152.

45 Rudolf Steiner: *Ursprungsimpulse der Geisteswissenschaft*, Vortrag am 21. Oktober 1906, GA 96. Dornach [2]1989, S. 157.

46 Rudolf Steiner: *Anthroposophie als Kosmosophie*, Vortag am 1. Oktober 1921, GA 207. Dornach [3]1990, S. 65.

47 Rudolf Steiner: *Der Mensch als Zusammenklang des schaffenden, bildenden und gestaltenden Weltenwortes*, Vortrag am 21. Oktober 1923, GA 230. Basel [8]2022, S. 58.

48 M. I. Rashid, R. G. M. de Goede, L. Brussaard et al.: *Home field advantage of cattle manure decomposition affects the apparent nitrogen recovery in production grasslands*. In: Soul Biology and Biochemistry, Vol. 57, 2013, S. 320–326. URL: https://doi.org/10.1016/j.soilbio.2012.10.005 (Zugriff: 24.10.2024).

49 Jochen Bockemühl: *Vom Umgang mit den Stoffen und Prozessen, Aspekte einer wirklichkeitsgemäßen Chemie* (nicht veröffentlicht).

50 Rudolf Steiner: *Landwirtschaftlicher Kurs*, Vortrag am 10. Juni 1924, GA 327. Basel [9]2022, S. 48.

51 Rudolf Steiner: *Die pädagogische Praxis vom Gesichtspunkte geisteswissenschaftlicher Menschenerkenntnis*, Vortrag am 19. April 1923, GA 306. Dornach [4]1989, S. 103.

52 Edwin Scheller: *Grundzüge einer Pflanzenernährung des ökologischen Landbaues. Ein Fragment*. Lebendige Erde in Demeter 2013, S. 109.

53 Ernst Marti: *Die vier Äther. Zu Rudolf Steiners Ätherlehre*. Stuttgart [8]2016.

54 Ebd.

55 Rudolf Steiner: *Initiationswissenschaft und Sternenerkenntnis*, GA 228. Dornach [3]2002.

56 Rudolf Steiner: *Theosophie*, GA 9. Basel [33]2013.

57 Rudolf Steiner: *Geisteswissenschaftliche Grundlagen zum Gedeihen der Landwirtschaft*, GA 327. Dornach [4]1989.

58 Rudolf Steiner: *Die Welt der Sinne und die Welt des Geistes*, GA 134. Dornach [6]2008.

59 Rudolf Steiner: *Die geistigen Wesenheiten in den Himmelskörpern und Naturreichen*, GA 136. Dornach [7]2009.

60 Dietz, Th., Bachtaler, G.: *Auswirkungen unterschiedlicher Fruchtfolge, Düngung und Bodenbearbeitung auf den Humusgehalt der Böden*. Landwirtschaftliches Jahrbuch 55, 1978, S. 368–377.

61 Langzeituntersuchung zu biologisch-dynamischen, organisch-biologischen und konventionellen Landbausystemen durch das *Forschungsinstitut für biologischen Landbau FiBL*. URL: https://www.fibl.org/de/standorte/schweiz/departemente/bodenwissenschaften/bw-projekte/vergleich-biologischer-und-konventioneller-anbausysteme (Zugriff: 24.10.2024).

62 Rudolf Steiner: *Landwirtschaftlicher Kurs*, Vortrag am 10. Juni 1924, GA 327. Basel [9]2022, S. 52.

63 Ebd., Vortrag am 16. Juni 1924, S. 193.

64 Eine dissipative Struktur bezeichnet das Phänomen sich selbst organisiernder, dynamischer, geordneter Strukturen in nichtlinearen Systemen fern vom Gleichgewicht.

65 Nikolai Fuchs: *Evolutive Agrarkultur*: Landwirtschaft nach dem Bildeprinzip des Menschen. Eine Skizze. Darmstadt 2014.

66 Edouard Isango Nkoyo: *Prigogines Theorie dissipativer Strukturen*: Naturphilosophische und erkenntnis-theoretische Betrachtungen (Münchner Philosophische Beiträge). München 2016.

67 Rudolf Steiner: *Theosophie*, GA 9. Basel [33]2013, S. 50.

68 Rudolf Steiner: *Lebendiges Naturerkennen. Intellektueller Sündenfall und spirituelle Sündenerhebung*, GA 220. Dornach [2]1982.

69 Rudolf Steiner: *Grundlinien einer Erkenntnistheorie der Goetheschen Weltanschauung*, GA 2. Basel [9]2022.

70 Rudolf Steiner: *Lebendiges Naturerkennen*, GA 220. Dornach [2]1982.

71 Rudolf Steiner: *Der Jahreskreislauf als Atmungsvorgang der Erde und die vier großen Festeszeiten*, GA 223. Dornach [7]1990.

72 Rudolf Steiner: *Die Erkenntnis-Aufgabe der Jugend*, Ansprache während der Breslau-Koberwitzer Tagung am 17. Juni 1924, GA 217a. Dornach [2]1981.

Christof Klemmer wurde 1953 am Stadtrand von Hamburg geboren. Vom Sommer 1973 bis zum Sommer 1979 absolvierte er eine landwirtschaftliche Ausbildung, besuchte die Landwirtschaftsschule und die Höhere Landbauschule. Im Herbst 1979 übernahm er gemeinsam mit seiner Frau und einigen weiteren Personen den Hof «Sophienlust», der am Stadtrand von Kiel liegt. Der Betrieb wurde umgestellt auf die biologisch-dynamische Wirtschaftsweise und im Laufe mehrerer Jahre von 34 ha auf 110 ha erweitert. So entstand ein vielseitiger biologisch-dynamischer Hof. Alle Produkte des Hofes wurden auf dem Betrieb veredelt und direkt vermarktet.

Der Hof wurde mit Hilfe von 170 stillen Gesellschaftern aufgebaut. Die Gesellschafter waren am Gewinn und Verlust beteiligt.

Ab 1991 wurde in den Betrieb eine sozialtherapeutische Tätigkeit integriert. 16 Menschen mit Hilfebedarf fanden auf dem Hof in den bäuerlichen Familien Wohn- und Arbeitsmöglichkeiten.

Im Jahre 2015 schied die Familie Klemmer aus dem Betrieb aus und übergab ihn an jüngere Bauern. Christof Klemmer war anschließend noch sieben Jahre als Berater für Demeter im Norden tätig.